化学国家级实验教学示范中心 | 化学国家级虚拟仿真实验教学中心　实验教材

CHEMICAL ENGINEERING EXPERIMENTS

化学工程实验

第2版

高明丽　冯红艳　王钰熙　徐铜文　蒋晨啸　编著

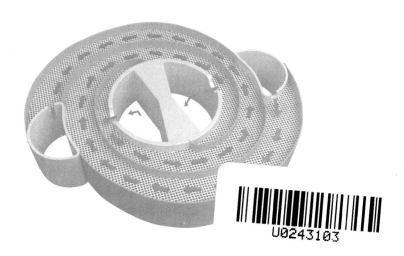

U0243103

中国科学技术大学出版社

内 容 简 介

本书是在冯红艳、徐铜文、杨伟华等编著的《化学工程实验》的基础上编写修订的,主要介绍了化学工程实验基础知识、经典化学工程实验和膜分离基础、综合及系列实验。化学工程实验基础知识包括化学工程实验的教学目的和要求、实验室安全知识以及实验数据的处理;经典化学工程实验内容涵盖动量传递、热量传递、质量传递和化学反应工程;膜分离基础、综合及系列实验为具有特色又紧跟前沿的膜分离实验项目。

本书可用作普通高校化学、应用化学专业化学工程实验课程的教材,也可供高分子化学、材料化学、制药工程、生物工程等专业选用,还可供化学工程技术人员参阅。

图书在版编目(CIP)数据

化学工程实验/高明丽等编著.—2 版.—合肥:中国科学技术大学出版社,2023.9
中国科学技术大学一流规划教材
安徽省一流教材
ISBN 978-7-312-05622-2

Ⅰ.化…　Ⅱ.高…　Ⅲ.化学工程—化学实验　Ⅳ.TQ016

中国国家版本馆 CIP 数据核字(2023)第 047590 号

化学工程实验

HUAXUE GONGCHENG SHIYAN

出版	中国科学技术大学出版社
	安徽省合肥市金寨路 96 号,230026
	http://press.ustc.edu.cn
	https://zgkxjsdxcbs.tmall.com
印刷	安徽国文彩印有限公司
发行	中国科学技术大学出版社
开本	787 mm×1092 mm　1/16
印张	13.25
字数	331 千
版次	2014 年 1 月第 1 版　2023 年 9 月第 2 版
印次	2023 年 9 月第 2 次印刷
定价	55.00 元

前　　言

　　"化学工程实验"是中国科学技术大学化学学科唯一一门工科类基础实验课程。这门课程紧密联系生产实际,是理科化学和应用化学专业工程技术教育中一个重要的实践性教学环节。理科化学专业的学生毕业后大多从事基础研究与应用工作,而应用化学专业毕业生大多从事技术研究开发工作。分离技术在这些化学工作中占有举足轻重的地位。学生仅了解和掌握一些常规分离技术是远远不够的,还必须了解和掌握新型分离技术,基于此,本书在体系上兼顾经典化学工程实验和特色膜工程实验内容。

　　本书共计5章,包括29个独立实验。第一章介绍了化学工程实验基础知识,包括化学工程实验的教学目的和要求、实验室安全知识以及实验数据的处理;第二章为经典化学工程实验,实验内容涵盖动量传递、热量传递、质量传递和化学反应工程,共计10个实验;第三章至第五章为具有特色又紧跟前沿的膜分离实验项目。其中第三章为膜分离基础实验,含4个实验;第四章为膜分离综合实验,可开设成4个综合实验,或9个独立实验;第五章为膜分离系列实验,以化学工程与生物工程为基础,编写了相关发酵—分离—反应的综合系列实验,共计6个实验。实验内容由基础到专业、由单元操作到综合、由验证到探究。在保留经典的"三传一反"实验的基础上,还编写了膜分离基础、综合及系列实验,各专业可以根据需要进行选择。

　　近年来,我们运用现代化信息技术,建设了多层次的信息化教学资源,如实验操作视频、实验原理动画、虚拟仿真实验等。这些资源的应用,提高了实验教学效果,为实行"翻转课堂"提供了基础。结合二维码识别技术,本书涵盖了这些信息化教学资源,使内容更立体化。

　　本书获安徽省一流教材建设项目的支持,由高明丽、冯红艳、王钰熙、徐铜文、蒋晨啸老师编写,由高明丽老师统稿。本书是在冯红艳、徐铜文、杨伟华、傅延勋老师编著的《化学工程实验》的基础上进行修订的,保留了原教材的部分实验内容,在此对原教材作者,特别是已退休的杨老师和傅老师表示感谢;增加了近十年来新开发的线上线下实验内容,其中特色膜实验内容的建设和实验设备的开发得到了中国科学技术大学功能膜研究室科研平台的助力,在此感谢参与实验项目建设的老师吴亮、汪耀明以及学生董煜、朱晴、左培培、王㼆莹、王梓豪等。书中的部分视频资源由魏伟老师拍摄,二维码1.2.1素材由刘红瑜老师提供,在此一并感谢。

　　由于编者水平有限,本书虽经修订但难免存在不足之处,恳请读者批评指正,并将意见反馈给我们,以便再版时改进。

编　者

2022 年 8 月

目　　录

第一章 化学工程实验基础知识

化学工业飞速发展,社会对人才知识结构的要求提高,学科体系亦日益完善,使得化学工程学的基础教学,不论在工科院校还是在理科院校,都越来越受到人们的重视。化学工程学的教学除了系统地讲授基础理论外,基础实验教学也是一项必不可少的实践性教学环节。化学工程实验与其他基础课程实验的最大区别在于面对的实际问题错综复杂,处理的物料千变万化,设备的形状、结构各异,还受到压力、温度、物料浓度、物料混合状况等因素的影响。鉴于此,化学工程实验具有独特的研究方法,它在化学工程学教学中具有不可替代的地位和重要意义。

为培养创新意识,加强对学科前沿的了解,学生除了需要掌握如吸收、精馏等常规的分离技术外,还必须掌握一些新型的分离技术。膜分离技术具有高效、节能、分离过程简单等特点,目前已经被广泛应用于各个领域,成为当今分离科学中重要的手段之一。近年来,结合中国科学技术大学功能膜研究室的科研实力,课程组开设了很多紧跟学科前沿并具有特色的新型膜分离实验,与传统实验内容形成互补。经过多年的建设积累,形成了更适合理科院校开设的实验内容,构建了多层次教学体系,分为"经典化学工程实验"(第二章)、"膜分离基础实验"(第三章)、"膜分离综合实验"(第四章)和"膜分离系列实验"(第五章)。在保留经典的"三传一反"实验的基础上,本书增加了适合理科专业又具有特色的膜分离实验,提高学习的挑战度。

另外,我们运用现代化信息技术,建设了多层次的信息化教学资源:建设实验操作视频库、开发实验原理动画、开发虚拟仿真实验、建设课程网站等。利用信息化教学资源,不仅较大程度地提高了教学效果,也增加了学生学习的主动性。

本章主要介绍化学工程实验的教学目的和要求、实验室安全知识以及实验数据的处理。

第一节 化学工程实验的教学目的和要求

一、化学工程实验的教学目的

理科院校化学和应用化学等专业人才培养目标不同于工科,理科院校是要把学生培养成科研、开发、教学人员,而不是工程技术人员,化学工程学教学是为了使他们能与工程技术人员搞好"接力"或是互相"渗透",使他们的科研成果能尽快地转化为现实生产力。因此理科化学工程实验教学目的有别于工科,我们认为理科院校化学工程实验要达到以下目的:

1. 使学生初步掌握一些有关化学工程学的实验研究方法和实验技术

化学工程实验课程有一些特有的实验研究方法,如量纲分析法(黑箱法)、类似律法、数学模型法、传质单元法等。初步掌握这些方法,可以引导学生学习新的解决问题的方法,启迪思维,开阔视野。化学工程实验知识是理科化学和应用化学等专业学生所具备知识结构中不可缺少的内容。化学工程实验将接触一些新的实验技术(包括最新的测试手段),这样可使学生走向工作岗位时能适应科学技术的不断发展。

2. 使学生具有从事科学实验研究和产品开发的初步能力,培养学生的工程意识、创新意识和市场意识

从科学实践中,我们体会到从事科学实验研究应具备这样一些能力:对实验现象有敏锐的观察能力;运用各种实验手段正确获取实验数据的能力;分析、归纳和处理实验数据的能力;由实验数据和实验现象实事求是地得出结论,并能提出自己见解的能力;对所研究的问题具有创造力;具有一定的实践经验,善于社会合作的能力。通过学习化学工程实验,可以很好地增强这些能力。同时,为了把科学实验研究成果转化为现实生产力,需要初步具备应用化学工程实验技术进行产品开发的能力。产品开发过程中不可避免地会遇到传质、传热、流体输送和化学反应这一类工程问题,而这正是化学工程实验所涉及的。在进行产品开发的同时,可以培养学生的工程意识、创新意识和市场意识。

3. 培养学生运用所学理论分析问题和解决问题的能力

虽然学生已经学过了化学工程相关的理论课程,但由于时间紧、内容多,有些知识掌握得不太牢固,而且在做实验时还会遇到一些新问题,尤其是工程方面的问题。通过做实验,将理论和实践相结合,培养学生运用所学理论分析问题和解决问题的能力,必将有助于巩固和加深对课堂所学的基本概念和基本原理的理解。

总而言之,化学工程实验课程的目的着重于实践能力的培养,这种能力的培养是单纯书本知识的学习无法取代的。另外,化学工程实验课程还进行情感素养的培养,如培养学生的安全环保意识、自律意识、合作意识、爱国情怀等。由于受学时和其他各种条件的制约,学生只能在已有的实验装置和规定的实验条件范围内进行实验,因此,上述各种能力的培养只是初步的。但是这种初步能力对于学生从事科学实验研究、化学应用和产品开发研究是大有裨益的。

二、化学工程实验的教学要求

化学工程实验课程主要包含三个环节:课前预习、实验操作和数据记录以及实验报告撰写。各个环节的具体要求如下:

1. 课前预习

(1) 认真阅读实验教材,明确实验目的和要求。

(2) 根据实验的具体要求和任务,研究实验的理论依据及方法,熟悉实验的操作步骤。分析哪些数据需要直接测量,哪些数据不需要直接测量,初步估计实验数据的变化规律、布点,做到胸中有数。

（3）通过信息化教学资源（书中相关实验资料的二维码或课程网站资料）以及到实验室现场了解实验过程，观察实验装置、测试仪器及仪表的构造和安装位置，了解它们的操作方法和安全注意事项。

（4）化学工程实验不同于其他基础实验，化学工程实验一般由多人合作进行。因此，实验前必须做好分组工作，进行小组讨论，确定实验方案、操作步骤，明确每一位组员的岗位，各司其职，分别承担操作、现象观察、读取数据、记录数据等任务。也可在不同情况下互换岗位，这样使每一位学生对实验的全过程都能够较详细地了解和受到很好的操作训练。

（5）要求写出实验预习报告。实验预习报告包括以下内容：实验目的，实验原理，实验装置及流程图（包括实验装置的名称、规格与型号等），实验操作步骤及实验数据的布点，设计好的原始数据记录表格。实验预习报告不应照抄实验教材的有关内容，而应通过对实验教材内容的理解用自己的语言写出。

实验前，学生应将实验预习报告交给实验课指导教师，获准后方能参加实验。无预习报告或预习报告不合格者，不得参加实验。

2．实验操作和数据记录

（1）开始实验前学生必须仔细检查实验装置和测试仪器及仪表是否完整，并按要求进行实验前准备工作。准备完毕后，经实验课指导教师检查，得到允许后，方能进行实验。

（2）实验进行过程中，操作要认真、细致，尤其对精密实验装置，一定要按操作规程操作。如果发现实验装置和测试仪器及仪表有故障，学生必须立即向实验课指导教师报告，未经教师许可，不得擅自拆卸。

（3）用准备好的完整的原始数据记录表（表上应有各项物理量的名称、符号和计量单位）记录数据，不应随便用一张纸记录。除记录测取的数据外，还应记录室温、大气压等数据。

（4）实验时要待操作状态稳定后才开始读取数据。条件改变后，也要待稳定一段时间后再读取数据，以排除由测试仪器测试滞后导致的读数不准现象。

（5）同一测试条件下应读取数据至少两次，而且只有当两次数据接近时才能改变操作条件，继续下一点测定。

（6）每个数据记录后，应该立即复核，以免发生读错或写错数据等事故。读取后面的数据既要和前面的数据相比较，又要和相关数据相对照，以便分析其相互关系及数据变化趋势是否合理。若发现不合理情况，应研究其产生的原因，并解决之。

（7）数据记录必须真实地反映仪表的精度，一般应记录至仪表最小分度以下一位数。

（8）实验中如果出现不正常情况以及数据有明显误差，应在备注栏中加以说明。

（9）实验课是重要的实践性环节，要积极动脑，深入思考，善于发现问题和解决问题。

（10）实验结束后，将实验装置和测试仪器恢复原状，桌面和周围地面整理干净，关好水、电和气，并把原始实验记录本交给实验课指导教师审阅签字。经教师检查同意后，方可离开实验室。

3．实验报告撰写

按照一定的格式和要求表达实验过程和结果的文字材料称为实验报告，它是所做实验的全面总结和系统概括，是实验课不可缺少的一个重要环节。一份优秀的实验报告要简明扼要，过程清楚,数据完整,结论正确,有分析与讨论。报告要图文并茂。所得出的公式、图形有较好的参考价值,与理论公式、理论曲线有较好的吻合性。编写实验报告的过程,是对所测定的数据加以处理,对所观察的现象加以分析,从中找出客观规律和内在联系的过程。如果做了实验而不写报告,就等于有始无终,半途而废。因此,进行实验并认真写出实验报告,对于理科大学生来讲,无疑是一种必不可少的重要的基础训练。这种训练也为今后写好科技论文或研究报告打下基础。

完整的实验报告一般应包括以下几方面内容:

(1) 实验报告名称。实验报告名称又称标题,列在实验报告的最前面。实验报告名称应该简洁、鲜明、准确。字数要尽量少,要一目了然,能恰当反映实验内容。如"离心泵计算机数据采集和过程控制实验""膜蒸馏海水淡化实验""超滤法分离明胶蛋白水溶液实验"。

(2) 实验报告人及同组成员的姓名。

(3) 实验目的。简要地说明为什么要进行本实验,实验要解决什么问题。例如,"板式塔连续精馏实验"的实验目的:① 了解连续精馏塔的基本结构及流程。② 掌握连续精馏塔的操作方法,并能够排除精馏塔内出现的异常现象。③ 学会板式精馏塔全塔效率和单板效率的测定方法。④ 确定不同回流比对精馏塔效率的影响。

(4) 实验原理。简要地说明实验所依据的基本原理,包括实验所涉及的主要概念,实验所依据的重要定律、公式以及据此推算的重要结果。要求准确、充分。

(5) 实验装置及工艺流程示意图。简要画出实验装置及工艺流程示意图和各测试点的位置,标出设备、仪器、仪表及调节阀的标号,在流程图的下面要写出图名及与各标号相对应的设备、仪器、仪表等的名称。

(6) 实验步骤。根据实际操作程序,按时间的先后划分为几个步骤,并在前面依次加上序号,以使条理更为清晰。对于操作过程的说明应简明扼要。

对于容易引起危险,损坏设备、仪器以及一些对实验结果影响比较大的操作,应在注意事项中说明,以引起注意。

(7) 实验数据。实验数据包括与实验结果有关的全部数据,即原始数据(教师已签字的)、计算数据和结果数据。

(8) 数据计算示例。以某一组原始数据为例,把各项计算过程列出,以说明数据整理表中的结果是如何得到的。

(9) 实验结果。针对实验目的和要求,根据实验数据,明确提出实验结论。实验数据可以采用图示法、列表法或经验公式法来表示。

(10) 思考题。实验教材中所提出的若干思考题是本实验所需要掌握的一些要点,学生在实验报告中要认真解答。

(11) 实验结果的分析与讨论。实验结果的分析与讨论十分重要,是学生理论水平的具体体现,也是对实验方法和结论进行的综合分析研究。分析与讨论的范围应该只限于与本实验有关的内容。分析与讨论的内容包括:从理论上对实验的结论进行分析和解释,说明其必然性;对实验中的异常现象进行分析与讨论;分析误差的大小和原因以及如何提高测量精度;分析本实验结果在理论和生产实践中的价值和意义;由实验结果可提出进一步的研究方向;根据实验过程对实验方法、实验装置提出合理的改进及建议等。

说明　实验报告的(1)~(6)项要求在实验预习报告中完成,第(7)项的原始数据在实验课上完成,第(7)项的数据处理~(11)项在实验课后完成。

第二节　实验室安全知识简介

化学工程实验是一门实践性很强的基础课程,实验过程中不免要接触到易燃、易爆、有腐蚀性或毒性的化学试剂,也会遇到高压、高温或低温及高真空操作条件,还会涉及用电和实验装置操作方面的安全问题,故要保证实验安全就必须关注安全问题,掌握一定的安全知识。鉴于化学工程实验课程使用的试剂种类相对较少,危险性试剂主要有浓硫酸、乙醇等,在使用试剂前请查阅《化学品安全技术说明书》(Material Safety Data Sheet,简称 MSDS)相关资料,并严格按照其指导使用,这里不再展开介绍。以下着重介绍化工实验室常见事故类型、仪器使用安全和气体使用安全。

一、化工实验室常见事故类型

化工实验为仪器类实验,仪器一般较大,使用不当容易出现事故,包括机械事故、用电事故。用电事故按发生灾害形式可分为触电事故、设备事故、用电引起的火灾和爆炸事故,这里主要介绍基础实验室常见的触电事故和电器火灾事故。

(一)机械事故

机械装置使用不当,会发生由机械力造成的伤害事故,因此机械事故是化工实验室容易发生的一种事故类型。

在单独开展实验之前要进行实验安全评估,对于风险较大的实验不可一人独立完成;对于机械类仪器,要完成实验室操作规程培训课后才能操作机器,首次操作需在工作时间,并且有人指导。开放实验室是大学生进行实验创新的重要场所,开放前要评估向学生开放的实验室设施安全情况;所有对学生开放的实验室中安全规定的执行都必须非常严格,严格限制学生进入实验室的时间,并配备视频监控设备监控学生的安全。

在使用机械装置进行实验时,要防止过速,以免出现危险。养成转速从 0 开始,从 0 结束的好习惯。此外,实验仪器的电流、电压调节旋钮,循环水流大小、气速大小调节旋钮等,无特殊说明都要在实验过程中从小慢慢调到所需大小位置,实验结束后先调到最小,再关闭电源或待机。

(二)触电事故

大多数的化工实验仪器都是电器设备,如果缺乏用电安全知识和技能,违反用电安全规范,就会发生人体触电或电气火灾事故,导致人身伤亡或设备损坏,造成重大损失。在化工实验室工作或者实验需要掌握一定的安全用电知识和技能,以保证人员及电气系统的安全、仪器设备的正常运转。

人体触电事故是电气事故中最常见、最危险的，也是和用电者关系最密切的一类事故。总结实验室触电事故发生的原因和人体触电事故预防措施，对于减少实验室触电事故的发生非常有效。

1. 触电事故发生的原因

（1）电器线路设计不符合要求，设备不能有效接地接零。

（2）电器设备安装时，未按要求采取接地、接零措施或接线松脱接触不良。

（3）电器设备绝缘损坏导致外壳漏电。

（4）导线绝缘老化、破损或评估不符合要求，致使人员误触电。

（5）人员违规接触电器导电部分，如用手直接接触电炉金属外壳等。

（6）用湿的手或者潮湿的物体接触电插头等。

（7）手拉拽绝缘老化或破损的导线。

（8）在缺乏正确防护用品或没有绝缘工具情况下，盲目维修或安装电器设备。

（9）随意改变电线线路或乱接临时线路，将单相或三相插头的接地端误接到相线上，使设备外壳带电。

（10）用非绝缘胶布包裹导线接头。

（11）使用手持电动工具而未配备漏电保护器，未使用绝缘手套。

（12）精神松懈，安全意识差，导致误接触导体。

2. 人体触电事故及急救措施

人体触电是指电流通过人体时对人体产生的生理和病理伤害。电流对人体的伤害可以分为两种类型，即电伤和电击。

（1）电伤。电伤是指由电流的热效应、化学效应和机械效应引起的人体外表的局部伤害。在电伤不是很严重的情况下，一般无生命危险。电伤分为以下几种情况：电烧伤、电烙印和皮肤金属化。

① 电烧伤是指电流的热效应对人体造成的伤害，是最常见的电伤。包括电流灼伤和电弧烧伤。

② 电烙印是指在人体与带电体接触的部位留下的永久性痕迹，如同烙印。

③ 皮肤金属化是指在电弧极高温度作用下，金属熔化、气化，其微粒溅入皮肤表层致使皮肤金属化。

（2）电击。电击是电流通过人体而引起的病理和生理效应。这是触电事故后果中最严重的，绝大部分触电死亡事故都是由电击造成的。电击可分为单相触电、两相触电、跨步电压触电和高压电弧触电。

① 单相触电是指人站在导电性地面或其他接地导体上，身体某一部位触及一相带电体造成的事故。

② 两相触电是指人体同时接触带电设备或线路中的两相导体，或在高压系统中，人体同时接近不同相的两相带电导体，而发生电弧放电，电流从一相导体通过人体流入另一相导体，构成一个闭合回路。发生两相触电时，作用于人体上的电压等于线电压，这种触电是最危险的。

③ 跨步电压触电是指由跨步电压引起的人体触电。当电气设备发生接地故障,接地电流通过接地体向大地流散,在地面上形成电位分布时,若人在接地短路点周围行走,其两脚之间的电位差,就是跨步电压。

④ 高压电弧触电是指人靠近高压线(高压带电体),造成弧光放电而触电。对于 1000 V 以上的高压电气设备,当人体过于接近它时,高压电能将空气击穿,使电流通过人体,伴有高温电弧,造成烧伤。

扫描二维码 1.2.1,了解人体触电事故及急救措施的详细内容。

二维码 1.2.1　人体触电事故及急救措施

(三) 电器火灾事故

化工仪器设备使用不当,会引起火灾。电器设备发生火灾时,为了防止触电事故,一般都要在切断电源后再进行扑救,具体方法如下:

(1) 及时切断电源。电器设备起火后,不要慌张,首先要设法切断电源。切断电源时,最好用绝缘的工具操作,并注意安全距离。电容器和电缆在切断电源后,仍有可能残余电压,为安全起见不能直接接触或搬动电容器和电缆,以免发生触电事故。

(2) 不能直接用水冲浇电器设备。电器设备着火后不能用水直接扑救。因为水具有导电性,进入电器设备后容易引起触电事故,会降低设备的绝缘性能,甚至引起设备爆炸,危及人身安全。

(3) 使用安全的灭火器设备。电器设备灭火,应选择不导电的灭火器,如二氧化碳灭火器、干粉灭火器等进行灭火。绝对不能使用酸碱或是泡沫灭火器灭火,这些灭火器的药液有导电性,手持灭火器的人员会触电。而且这些药液会强烈腐蚀电器设备,事后不易清除。

(4) 带电灭火注意事项。如果不能迅速断电,必须在确保安全的前提下进行带电灭火。应使用不导电的灭火剂,不能直接用导电的灭火剂,否则会造成触电事故。使用小型的灭火器灭火时,由于其射程较近,要注意保持一定的安全距离,对于 10 kV 及以下的设备,该距离不能小于 40 cm。在灭火人员穿戴绝缘手套和绝缘靴,水枪喷嘴安装接地线的情况下,可以采用喷雾水灭火。如遇带电导线落于地面,则要防止跨步电压触电,扑救人员进行灭火时,要穿上绝缘靴。

二、化工实验室仪器使用安全

（一）电动机使用安全

电动机是化工设备上常用的部件。通过电动机把电能转化为机械能，离心泵、风机等机械设备都需要电动机带动。电动机过负荷、短路故障、缺相运行、电源电压太高或太低等因素，都可能导致电动机在运行过程中起火。电动机的防火措施如下：

（1）根据电动机的工作环境，对电动机进行防潮、防腐、防尘、防爆处理，安装时要符合防火要求。

（2）电动机周围不得堆放杂物，电动机及启动装置与可燃物之间保持适当的距离，以免引起火灾。

（3）检修后及停电超过 7 天以上的电动机，启动前应测量其绝缘电阻是否合格，以防运行后因绝缘受潮发生相间短路或者对地击穿而烧坏电动机。

（4）电动机启动应严格执行规定的启动次数和启动间隔时间，尽量减少启动；避免频繁启动，以免定子绕组过热起火。

（5）电动机运行时，电流、电压不超过允许范围；电动机温度、声音、振动、轴转动正常，无焦味，电动机冷却系统正常，防止上述因素引起电动机起火。

（二）测试（量）仪器使用安全

化工实验结果需要测试（量）仪器（通常为用电设备）辅助完成，如酸度计、电导率仪、天平、分光光度计、折光仪、生物分析仪等小型的测试（量）仪器。有时还会使用大型测试仪器，如本书用到的核磁共振波谱仪和气相色谱。

1. 小型测试（量）仪器使用安全

相对于大功率设备小型测试（量）仪器比较安全，使用中除了注意按照操作说明进行实验外，这样的小型测试（量）仪器还有一些相同的安全注意事项。扫描二维码 1.2.2，了解小型电气设备使用安全。

二维码 1.2.2　小型电气设备使用安全

2. 核磁共振波谱仪

核磁共振是在强磁场下电磁波与原子核自旋相互作用的一种基本物理现象。核磁共振波谱法以原子核自旋为探针研究原子核周围化学环境的变化，是一种表征物质结构的重要手段。

在核磁共振波谱仪实验室内外醒目位置都贴有磁场警示标志，并且在磁体周围设置清晰的"高磁场"警戒线。非操作人员不得进入警戒线内。扫描二维码1.2.3,了解核磁共振波谱仪安全标志与"高磁场"警戒线的实景图。

二维码1.2.3　核磁共振波谱仪安全标志与"高磁场"警戒线

核磁共振波谱仪中的磁场是封闭的,设有超屏蔽,在"高磁场"警戒线外,磁场强度要小得多。但是进入核磁共振实验室,仍需注意以下几点:

(1) 戴有医疗植入物的人员不要进入核磁共振实验室。如戴有心脏起搏器、神经刺激器或假体的人员不要进入核磁共振实验室,以免受到伤害。

(2) 金属物品要远离磁体。小块金属物品,如扳手、螺丝刀、钥匙等,均不能靠近仪器。磁体顶端和下端磁场仍然较强,其他含铁磁性材料的物品靠近磁体时会受到较大的吸引力作用,当这种力足够大时,就能使物品失去控制撞向核磁共振波谱仪。

(3) 未经管理人员的允许,不得把压缩气体气瓶带进实验室。

(4) 谨慎使用液氮和液氦。保存在磁体和便携式杜瓦瓶内的液氮和液氦,具有一定的危险性。如果人体与液氮、液氦或它们的低温蒸气直接接触,可引起皮肤"灼伤"。当超导磁体失超时,大量低温液体迅速蒸发,这些气体混入空气中,可能导致室内人员窒息。此外,由于液氮、液氦的沸点均低于液氧,它们的蒸气还可以从周围大气中冷凝氧气。如果与氧气接触的材料是易燃的,可能会发生剧烈的反应,如快速燃烧或爆炸等。

3.气相色谱仪

色谱是一种重要的分离分析方法。色谱分离体系由固定相和流动相组成。其中气相色谱法是以气体作为流动相的一种色谱分析方法。气相色谱仪常用的载气有氢气、氮气、氦气等,使用这些气体时,要遵循相关的安全操作守则。

考虑到氢气的化学特性,大家在使用时,务必谨慎小心。需要做到以下几点:

(1) 定期对所有的管路接口进行检漏测试。

(2) 不使用氢气时,氢气气源必须关上。

(3) 实验室要配备良好的通风设施以及气体报警设施。

(4) 气相色谱仪在运行时,一些部件会升到很高的温度,如进样口、柱温箱、检测器等,操作者不要用手直接触摸这些部件,如需操作,尽量等冷却后再进行。如果确实需要高温操作,可使用扳手并佩戴防护手套。

(5) 在手动操作微量进样针时,应小心谨慎,不要把针尖对着自己或他人,以免发生刺伤事故。

另外,有些待测样品可能具有毒性或生物危害性。当样品以分流模式进样时,应确保分流出口装有活性炭捕集器。检测器出口的废气应排到室外。

（三）玻璃仪器使用安全

玻璃仪器也是化工实验中使用较多的一种仪器。表1.2.1为几种常用玻璃仪器的安全使用规范。扫描二维码1.2.4，了解玻璃仪器的安全使用常识。

表 1.2.1　玻璃仪器安全使用举例

名称	安全使用规范
玻璃管	内壁有裂痕的玻璃管加热时容易破裂（因其外部受热时内部被拉张），应避免使用
烧杯、烧瓶	干烧杯、烧瓶内放入固体物质时，要防止固体物质撞破容器底部；操作时，要使容器略微倾斜，然后将固体物质慢慢滑入
三角烧瓶	平底的薄壁三角烧瓶绝不可用于减压操作，因其破裂的可能性很大
真空玻璃瓶	此类玻璃瓶稍有损伤，则往往发生爆炸性的破裂，因此不要把手放入瓶里，或将脸靠近瓶口
试剂瓶	装有氨水之类溶解有气体的液体试剂瓶，冷却后用毛巾包着塞子，再将它拔出

二维码 1.2.4　玻璃仪器的安全使用

三、化工实验室气体使用安全

实验室内的气体通常储存于气瓶中，气瓶是实验室最常见的压力容器。参照2021年1月4日由国家市场监督管理总局发布的《气瓶安全技术规程》（TSG 23—2021），气瓶是在一定环境温度范围、一定的公称工作压力范围、一定公称容积范围或一定的压力与容积乘积范围下使用的一种特殊压力容器。

一定的环境温度范围为 $-40 \sim 60$ ℃；

一定的公称工作压力范围为 $0.2 \sim 70$ MPa；

一定的公称容积范围为 $0.4 \sim 3000$ L；

一定的压力与容积的乘积范围为大于或等于 1.0 MPa·L。

（一）气瓶安全使用

气体通常充在气瓶中使用，气瓶使用不当造成的危险主要包括：

（1）不燃性气体气瓶物理爆炸，如氮气、二氧化碳气瓶等。

（2）可燃气体气瓶燃烧、爆炸，如氢气、乙炔气瓶等。

（3）助燃性气体气瓶燃烧、爆炸，如氧气、氯气气瓶等。

（4）气瓶内气体泄漏，导致人员窒息、中毒、火灾、爆炸等。

1. 气瓶安全使用常识

为了防止危险发生，高校需加强气瓶存放管理、气瓶及其附件的日常安全检查、实验室用气安全方面的工作。扫描二维码1.2.5，了解气瓶安全使用一般常识。

二维码 1.2.5 气瓶安全使用一般常识

2. 气瓶日常检查

气瓶一般不单独使用，而是通过减压阀和外部设备连接在一起，使用时要注意检漏。气瓶安全使用一般常识动画短片（二维码1.2.5）中以无缝气瓶为例，介绍了减压阀的相关知识和气体检漏的方法。气体泄漏是气体安全使用最重要的安全注意事项，一定要足够重视。除了该动画中介绍的方法，还可以通过气体检测报警仪实现气体检测。可以根据实际情况选用便携式气体检测报警仪或安装固定挂壁式气体检测报警仪（表1.2.2）。

表 1.2.2 气体检测报警仪

便携式气体检测报警仪	固定挂壁式气体检测报警仪
JIHUA 108.98 可燃气体检测报警仪	智能式气体检测仪

为了防止气体泄漏应加强气瓶的日常安全检查，危险气体气瓶存放点要通风、远离热源、避免暴晒，地面平整干燥；涉及剧毒、易燃、易爆气体的场所，应配有通风设施和合适的监控报警装置等，并张贴必要的安全警示标识；可燃性气体与氧气等助燃气体的气瓶不混放，必须存放时，每间实验室内存放的氧气瓶和可燃气体气瓶不宜超过一瓶，距离确保在 5 m 以上；建有独立的气体气瓶室或气瓶防倒链、防倒栏栅；独立的气瓶室要通风良好、不混放、有监控、管路有编号、去向明确；气瓶使用有专人管理和记录；存有大量惰性气体、液氮或 CO_2 气瓶的较小密闭空间，为防止大量泄漏或蒸发导致缺氧，需加装氧气含量报警装置；管路材质选择合适，无破损或老化现象，定期进行气体泄漏检查；有气瓶定期检验合格标识（由供应商负责）；未使用的气瓶有瓶帽；气瓶中的气体是明确的，无过期气瓶。气瓶日常检查可以参考表1.2.3内容进行，主要包括以下方面：

（1）气瓶是否有清晰可见的外表涂色和警示标签。

（2）气瓶外表是否存在锈蚀、变形、磨损、裂纹等严重缺陷。

（3）气瓶的附件（防震圈、瓶帽、瓶阀）是否齐全、完好。

（4）气瓶是否超过定期检验周期，有无检验钢印标记。

（5）气瓶的使用状态（满瓶、使用中、空瓶）。

（6）使用气瓶的实验室有无相应的气体浓度报警装置。

表 1.2.3　气瓶日常检查表

检查内容	是	否	说明
气瓶外表面的颜色、字样和色环是否符合标准规定			
瓶体上是否张贴有安全警示标签			
瓶体上是否张贴有充装合格证			
瓶体有无锈蚀、损伤、变形、裂纹等			
是否有瓶帽以及瓶帽是否完好			
是否有 2 个防震圈，并均匀放置			
瓶肩上是否有检验钢印标记，是否在有效期内			
瓶阀处、瓶体有无油污			
乙炔气瓶瓶口处是否配置有效的检验环			
手轮是否配置正常、操作灵活			
减压器显示是否正常、无损伤、无泄漏			
是否安装有回火器或止回阀			
软管是否老化、破裂			
软管连接处是否用管卡固定（严禁用铁丝等绑扎）			
确定气瓶摆放是否有足够安全距离			
是否直立放置			
是否有防倾倒措施			
是否有遮阳和防高温措施			
气瓶是否漏气			

3. 气瓶的安全存放

可以采用气瓶柜、气瓶架等装置对气瓶进行固定和存放。将可燃气体和助燃气体在有效的距离范围内固定分开存放是非常必要的。不得在走廊等公共场所存放气瓶，有条件的实验室可以建设气体集中供应室，实现实验用气到台面，这样可大大降低实验室内因存放气瓶而可能带来的危险。实验室气瓶存放要求如下：

（1）气瓶须配置压力表、安全阀、紧急熔断装置、安全帽和防震圈，妥善固定，并做好气瓶和气体管线标识,制定详细的供气管路图,整齐放置,实行分类隔离存放。① 气体气瓶必须与爆炸物、氧化剂、易燃物、自燃物、腐蚀性物质隔离存放。② 可燃性气体气瓶和助燃性气体气瓶严禁混放。③ 毒性气体气瓶应与相互接触后能引起燃烧、爆炸、产生有毒物质的气体气瓶分室存放,并在附近设置防毒器材或灭火器材。④ 氧气气瓶不得与含油脂物质混合储存。⑤ 腐蚀性气体气瓶存放点附近应设置应急喷淋和洗眼装置。⑥ 盛装易起聚合反应或分解反应气体的气瓶,必须规定存放期限,并应避开放射性射线源。

（2）气体气瓶存放地应严禁明火,保持通风、干燥,避免阳光直射气瓶或靠近其他热源,安装必要的气体检测和报警装置,确保对于气瓶可能造成的突发事件能够采取有效的应急措施。

（3）供气管路要选用合适的管材。易燃、易爆、有毒的危险气体(乙炔除外)连接管路必须使用金属管,乙炔的连接管路不得使用铜管。

（4）存放的空瓶内必须保留剩余压力(永久气瓶的剩余压力应不小于 0.02 MPa,液化气体气瓶应留有不少于规定充装量 0.5%～1.0% 的剩余气体),与其他气瓶应分开放置,并悬挂明显标签。

（二）常用气瓶使用安全

气体具有可压缩性、膨胀性、混合爆炸性、易燃性、毒性、刺激性、致敏性、腐蚀性、窒息性等不同危险特性,下面介绍化学实验室中常用的几种气体气瓶的安全使用知识。

1. 氮气的安全使用

实验过程中氮气常用作保护气、载气,液氮用于实现低温条件。氮气是一种无色、无味、无臭的气体,且通常无毒。但在使用过程中,一旦发生气体泄露或者使用液氮防护不当,就会导致空气中氮气含量升高,从而引起缺氧性窒息。吸入浓度不太高的氮气时,患者最初感到胸闷、气短、疲软无力;继而出现"氮酪酊"症状,表现为烦躁不安、极度兴奋、乱跑、叫喊、神情恍惚、步态不稳,可进入昏睡或昏迷状态。吸入高浓度的氮气时,会迅速昏迷,甚至会因呼吸和心跳停止而死亡。

液氮的温度在 -196 ℃ 左右,具有很大的危险性,很容易让人冻伤和窒息。使用和取用液氮时要做好防护。避免可导致高浓度吸入的密闭操作,应提供良好的自然通风条件。

2. 二氧化碳的安全使用

二氧化碳无色、无味、无毒。少量吸入对人体无危害,但吸入超过一定量时会使血液中的碳酸浓度增大,酸性增强,从而产生酸中毒。空气中二氧化碳的体积分数为 1% 时,人会感到气闷、头昏、心悸;达 4%～5% 时会感到眩晕;6% 以上时会神志不清、呼吸逐渐停止以致死亡。

使用二氧化碳气瓶时应避免与各种金属粉尘(如镁、锆、钛、铝、锰等)接触,以免因点燃而爆炸。例如,镁和二氧化碳会发生如下反应:

$$2Mg + CO_2 =\!\!=\!\!= 2MgO + C \tag{1.2.1}$$

此外,要注意与氮气气瓶、氧气气瓶的减压阀不同,二氧化碳气瓶的减压阀装有一个电热装置(图 1.2.1),以保证二氧化碳在出口处可以充分汽化。

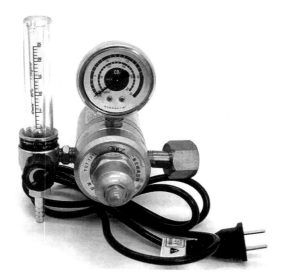

图 1.2.1　二氧化碳减压阀

3. 氧气的安全使用

氧气无色、无味、无毒。氧气是人类赖以生存的一种气体,但同时也是一种很危险的化学物质。人体吸入过量氧气,将产生健康危害:常压下,当氧气的含量超过 40% 时,有可能发生氧中毒;吸入含量为 40%～60% 的氧气时,出现轻咳,进而胸闷、胸骨后烧灼感和呼吸困难,严重时可发生肺水肿,甚至出现呼吸窘迫综合征;吸入含量为 80% 以上的氧气时,出现面部肌肉抽动、面色苍白、眩晕、心动过速、虚脱,继而全身强直性抽搐、昏迷、呼吸衰竭而死亡。氧气助燃,高温条件下能氧化大多数活性物质,故储存、运输和使用氧气气瓶时应注意:

(1)远离易燃物、可燃物,如乙炔、甲烷、氢气、金属粉末等。

(2)远离火种、热源。

还需要强调的一点是,氧气气瓶(尤其是瓶口)不得沾污油脂类物质。扫描二维码 1.2.6,了解氧气气瓶(钢瓶)的安全使用。

二维码 1.2.6　氧气气瓶安全使用

4. 氢气的安全使用

氢气无色、无臭、无毒,在生理上对人体是惰性的,但若空气中氢气含量增高,也会引起缺氧性窒息。

氢气是一种易燃易爆气体,氢与氟的混合物在低温和黑暗环境下就能发生自发性爆炸,与氯的 1∶1 混合物在光照下也可爆炸。氢气在空气中的爆炸极限是 4.0%～74.2%,遇热或点燃都会产生爆炸,因而使用氢气气瓶时应注意:

（1）避免室内氢气浓度升高，设备与管路应密封良好，现场通风良好。

（2）远离点火源，电器及照明设备应防爆，采用无火花工具，防止静电积累并有良好的静电导除措施，人员着装要以不产生静电为原则。扫描二维码 1.2.7，了解有关氢气气瓶（钢瓶），也即易燃压缩气体气瓶的使用安全。

二维码 1.2.7　氢气气瓶安全使用

为避免氢气储存时发生危险，实验室也经常用氢气发生器来制氢，可在一定程度上减少危险。氢气发生器多采用铁为阴极面，镍为阳极面，电解氢氧化钾或氢氧化钠的水溶液制氢。阳极生成氧气，阴极生成氢气，一般可获得纯度为 99.7% 以上的氢气。

扫描二维码 1.2.8，进行氢气安全使用虚拟仿真实验。

二维码 1.2.8　氢气安全使用虚拟仿真实验

第三节　实验数据的处理

一、实验数据测量误差和有效数字

（一）实验数据测量误差及减免方法

由于化学工程实验中使用的各种测量仪器、仪表的结构不同，加上测量方法、学生的实验水平和观察习惯等原因，测量值与真值（某种物理量客观存在的确定值）之间总会存在一定差别。这种差别称为误差。

误差分为绝对误差和相对误差。

测量值 x 与物理量的真值 X 之差，称为绝对误差。有时将绝对误差简称为误差。由于种种原因，各种测量方法都无法得到真值 X，而只能得到测量值 x，故实际中常用若干次测量值

x 的平均值 $\bar{x}$ 来代替真值 X。绝对误差用符号 D 来表示,即

$$D = x - X \approx x - \bar{x} \tag{1.3.1}$$

绝对误差 D 与物理量真值 X 的百分比,称为相对误差,用符号 ε 来表示,即

$$\varepsilon = \frac{D}{X} \times 100\% \approx \frac{x - \bar{x}}{\bar{x}} \times 100\% \tag{1.3.2}$$

产生误差的原因很多,一般分为两类:系统误差和偶然误差。

1. 系统误差

系统误差是由实验过程中某些经常性的原因造成的误差。它的特点是:在多次测定中会重复出现,对实验结果分析的影响比较固定,即偏高的总是偏高,偏低的总是偏低。系统误差直接影响分析结果的准确度。其来源及减免方法如下:

(1)化学试剂误差。化学试剂误差是由化学试剂纯度不够或引入杂质造成的误差。

减免方法:使用较纯的化学试剂,避免杂质引入,消除化学试剂带来的误差。

(2)测试仪器误差。测试仪器误差是由仪器不够精密或未经校准造成的误差。

减免方法:改用更精密仪器或对使用的测试仪器进行校准。

(3)方法误差。方法误差是由实验方法不当造成的误差,如近似的测试方法或近似的计算公式。

减免方法:选择正确的实验方法。有条件的可对样品进行对照实验,求出校正系数,并将校正系数应用到分析计算中去。

(4)操作误差。操作误差是由主观因素造成的误差。例如,对滴定终点的辨别往往不同,有人偏深,有人偏浅。

减免方法:加强基本操作训练。

2. 偶然误差

偶然误差是由某些偶然的因素造成的误差。它的特点是同一项测定的误差数值不恒定,有时大,有时小,有时正,有时负。偶然误差在实验中往往是无法避免的。例如,温度、湿度或气压的微小波动,仪器性能的微小变化,对几份试样处理时的微小差别等,都可能带来误差。又如,在读取滴定管读数时,估计的小数点后第二位的数值,几次读数不一致。偶然误差直接影响实验结果的精密度(指测量中所得数值的重现性)。

偶然误差由于是偶然原因造成的,其数值大小没有规律性,但在相同条件下,如果进行多次重复测定,所得结果的误差是符合一定规律的,即正误差和负误差出现的几率相等;小误差出现的次数占大多数,而大误差出现的次数极少。

减免方法:多做几次平行实验,取其平均值。

在化学工程实验中,常用的平均值有下列几种:

(1)算术平均值。算术平均值 $\bar{x}$ 的计算公式如下:

$$\bar{x} = \frac{x_1 + x_2 + \cdots + x_n}{n} = \frac{\sum\limits_{i=1}^{n} x_i}{n} \tag{1.3.3}$$

在化学工程实验和科学研究中,测量的数据一般呈正态分布,从理论上可以证明此时算术平均值为最佳值或最可信赖值,故常采用算术平均值 $\bar{x}$ 代替真值。

（2）均方根平均值。均方根平均值 $\overline{x}_{RMS}$ 的计算公式为

$$\overline{x}_{RMS} = \sqrt{\frac{x_1^2 + x_2^2 + \cdots + x_n^2}{n}} = \sqrt{\frac{\sum\limits_{i=1}^{n} x_i^2}{n}} \tag{1.3.4}$$

均方根平均值主要被用于计算气体分子的动能。

（3）几何平均值。几何平均值 $\overline{x}_G$ 的计算公式为

$$\overline{x}_G = \sqrt[n]{x_1 x_2 \cdots x_n} \tag{1.3.5}$$

如果以对数形式表示,则为

$$\lg \overline{x}_G = \frac{\sum\limits_{i=1}^{n} \lg x_i}{n} \tag{1.3.6}$$

当一组测量数据取对数后,所得数据分布曲线呈对称时,常用几何平均值。几何平均值常小于算术平均值。

（4）对数平均值。设有两个测量值 x_1 和 x_2,其对数平均值 $\overline{x}_L$ 的计算公式为

$$\overline{x}_L = \frac{x_1 - x_2}{\ln x_1 - \ln x_2} = \frac{x_1 - x_2}{\ln \dfrac{x_1}{x_2}} \tag{1.3.7}$$

在热量、质量传递过程和化学反应中,当测量数据的分布曲线具有对数特性时,常采用对数平均值。对数平均值总小于算术平均值。若 $1 < x_1/x_2 < 2$ 时,可用算术平均值代替对数平均值,其误差不超过 4.4%。

（二）有效数字

（1）实验数据（包括计算结果）的准确度取决于有效数字位数,而有效数字位数是与测量仪器与仪表的精度、测量精度、计算精度密切相关的。例如,使用量程为 $0 \sim 25$ MPa 的压力表测量某体系压力为 10.5 MPa。该压力表的最小刻度值为 1 MPa。由于仪表指示正好在 10 和 11 之间,读取值为 10.5 MPa,尾数 0.5 是估计的。数据的记录、整理和处理都要求与表盘的读取值的精度相当,有效数字只能取到小数点后一位。通过有效数字我们可以了解所用测量仪器与仪表、测量方法和计算结果可以达到的精度。如果仪表指示正好在 10,为了正确表示仪表测量精度,应该记作 10.0 MPa。由于压力表最小刻度值为 1 MPa,则计算最大绝对误差只能精确到零点几兆帕,再高是没有意义的。

（2）非零数字前面的 0,不属于有效数字位数,而是数字单位变化造成的结果。在单位变化时,数值发生变化,但有效数字位数保持不变。例如,因使用的单位不同,1.5 mm 可表示为 0.0015 m,它们都是两位有效数字。

（3）常见数字后面的 0,有时是有效数字,有时则可能只是单位改变造成的。例如,1500 是不是四位有效数字并不明确,它有可能表示测量或计算形成了四位有效数字,也可能类似 1.5 mm 表示为 1500 μm 时的情况,仍然只是两位有效数字。因此,为了明确数字的有效位数,数字应该表示成大于或等于 1 且小于 10 的数字与 10 的幂的乘积的形式。这种方法称为科学记数法。幂的乘积前的数字是一个非零数字,它表示有效数字位数,然后通过 10 的幂的乘积表示出使用不同单位造成的数值大小的变化。例如,1.5×10^4 是两位有效数字,$1.50 \times$

10^4 是三位有效数字,1.500×10^4 是四位有效数字;而 $1.5\ mm = 1.5 \times 10^3\ \mu m$,$1.5\ mm = 1.5 \times 10^{-3}\ m$,始终都只是两位有效数字。

(4) 实验数据计算中有效数字取几位? 我们介绍几条应遵循的规则。

① 加减法。运算过程中,以小数点后位数最少的为准,其余的数据可以经过四舍五入后比该数据多保留一位小数,而计算结果保留的小数位数则应与小数点后位数最少的数据相同。例如,$15.567 + 0.0456 + 1.22$,可化成 $15.567 + 0.046 + 1.22$,运算后为 16.833,结果应取 16.83。

② 乘除法。运算过程中,以有效数字位数最少的为准,其余的数据可以经过四舍五入后比该数据多保留一位有效数字,所得积或商的有效数字应与有效数字位数最少的数据相同。例如,$14.567 \times 0.0345 \times 1.5$,可化成 $14.6 \times 0.0345 \times 1.5$,运算后为 0.75555,结果应取 0.76。

③ 乘方、开方运算。乘方、开方后有效数字位数与其底数相同。

④ 对数运算。在对数运算中,对数的首数(整数部分)不算有效数字,其尾数(小数部分)的有效数字位数与相应的真数相同。例如,有三份溶液,其氢离子浓度($[H^+]$)分别为 $0.02000\ mol \cdot L^{-1}$、$0.020\ mol \cdot L^{-1}$ 和 $0.02\ mol \cdot L^{-1}$,它们的 pH 值($-lg[H^+]$)应分别取 1.6990,1.70 和 1.7。这些 pH 值的有效数字分别为 4 位、2 位和 1 位,整数"1"不算有效数字。

(5) 对有效数字中多余数字如何取舍? 采用通常的"四舍五入"法,有其弊端,即遇五进位往往导致数据取值偏高,引入了 5 本身的误差。为克服这种弊端,我国国家科学委员会正式颁布的《数字修约规则》中指出,当有效数字的位数确定之后,其数字修约规则之一就是四舍六入五单双。即有效数字后面第一位数字为 5,而 5 之后的数不全为 0,则在 5 的前一位数字上增加 1;若 5 之后的数字全为 0,而 5 的前一位数字又是奇数,则在 5 的前一位数字上增加 1;若 5 之后的数字全为 0,而 5 的前一位数字又是偶数,则舍去不计。例如,将下列数字修约为四位有效数字:

$$16.0341 \rightarrow 16.03$$
$$16.0361 \rightarrow 16.04$$
$$16.0251 \rightarrow 16.03$$
$$16.0350 \rightarrow 16.04$$
$$16.0250 \rightarrow 16.02$$

二、实验数据整理

所谓实验数据整理,就是把所获得的一系列实验数据用最合适的方式表达出来。在化学工程实验中,有如下三种表达方式:

(一) 实验数据整理成表格

该方法是整理数据的第一步,为标绘曲线图或整理成数学公式打下基础。该方法简明清晰,它可以直接给出人们实验中各个项目的众多的具体数值,有利于他人从表格中直接查取有关数据(如不能直接从表格中查取,可采用插值法)。

1. 实验数据表格的分类

实验数据表格一般分为两大类:原始数据记录表格和整理计算数据表格。

原始数据记录表格必须在实验前设计好,以便清楚地记录所有待测数据。整理计算数据表格应简明扼要,只表达主要物理量(因变量)的计算结果,有时还可以列出实验结果的最终表达式。

2. 设计实验数据表格应注意的事项

(1)表头列出物理量的名称、符号和计量单位。符号和计量单位之间用斜线"/"或括号隔开(斜线不能重复使用)。计量单位不宜混在数字中,以免分辨不清。

(2)注意有效数字位数,记录的数字位数应与测量仪器、仪表的精度相匹配,不可过多或过少。

(3)物理量的数值较大或较小时,要用科学记数法来表示。以"物理量的符号$\times 10^{\pm n}$(计量单位)"的形式,将"$\times 10^{\pm n}$"记入表头。

注意　表头中的"$\times 10^{\pm n}$"与表中的数据应服从下式:

$$物理量的实际值 \times 10^{\pm n} = 表中数据$$

(4)为便于引用,每一个数据表都应在表的上方写明标号和表题(表名)。表格应按出现的顺序编号。表格应在正文中有所交代,同一个表格尽量不跨页,必须跨页时,在续表上要注"续表"。

(5)数据表格要正规,数据书写清楚整齐。修改时宜用单线将错误的划掉,将正确的写在下面。各种实验条件及做记录者的姓名可作为"表注",写在表的下方。

(二)实验数据整理成图形

实验数据整理成图形的优点是直观清晰,便于比较,容易看出数据中的极值点、转折点、周期性、变化率以及其他特性。准确的图形还可以在不知数学表达式的情况下进行微积分运算,因此得到广泛应用。

图示法第一步是按列表法的要求列出因变量 y 与自变量 x 相对应的 y_i 与 x_i 数据表。

图示法作图要依据一定的法则,只有遵守这些法则,才能得到与实验点位置偏差最小且光滑的曲线图形。

1. 坐标纸的选择

化学工程实验中常用的坐标系为直角坐标系,包括笛卡尔坐标系(又称普通直角坐标系)、半对数坐标系(一个轴是分度均匀的普通坐标轴,另一个轴是分度不均匀的对数坐标轴)和对数坐标系(两个轴都是对数坐标轴)。

下列情形建议选用半对数坐标系:

(1)变量之一在所研究的范围内发生了几个数量级的变化。

(2)在自变量由零开始逐渐增大的初始阶段,当自变量的少许变化引起因变量极大变化时,采用半对数坐标系,曲线最大变化范围可伸长,使图像轮廓清楚。

(3)需要将某种函数变换为直线函数关系,如指数 $y = a e^{bx}$ 函数。

下列情形建议选用对数坐标系:

（1）如果所研究的函数 y 和自变量 x 在数值上均变化了几个数量级。例如：

y = 2， 14， 40， 60， 80， 100， 177， 181， 188， 200

x = 10， 20， 40， 60， 80， 100， 1000， 2000， 3000， 4000

（2）需要将曲线开始部分划分成展开的形式。

（3）需要变换某种非线性关系为线性关系，如函数 $y = ax^b$。

2．坐标分度的确定

坐标分度是指每条坐标轴所能代表的物理量的大小，即坐标轴的比例尺。如果选择不当，那么根据同组实验数据作出的图形就会失真，从而得出错误结论。坐标分度的选择，要反映出实验数据的有效数字位数，即与被标数值精度一致，并要求方便易读。坐标分度值不一定从零开始，使图形占满整张坐标纸较为合适。

3．其他必须注意的事项

（1）图线光滑。图线尽可能通过较多的实验点，或者使曲线以外的点尽可能位于曲线附近，并使曲线两侧的点数大致相等。

（2）对于定量绘制的坐标图，其坐标轴上必须标明该坐标所代表的物理量名称、符号及所用计量单位。如离心泵特性曲线的横轴须标明流量 Q（$\mathrm{m^3 \cdot h^{-1}}$）。

（3）图必须有图名（包括图号和图题），以便于引用。必要时还应有图注。

（4）不同线上的数据点可用△、○等不同符号表示，且必须在图上说明。

（三）实验数据整理成经验公式

在化学工程实验中，除了用表格和图形描述变量之间的关系外，还常常把实验数据整理成数学方程式，即建立数学模型。该方式便于进行微分、积分等数学运算和在计算机上求解，并且在一定的范围内可以较好地预测实验结果。因此，这种整理实验数据的方式通常被人们采用。

1．经验公式的选择

在化学工程实验中，很难用纯数学物理方法直接推导出数学模型，因此采用半理论方法、纯经验方法和实验曲线图解法来确定相应的经验公式。

（1）半理论方法。由量纲分析法求出准数关系式，再由实验确定其常数值。例如，动量、热量和质量传递过程的准数关系式分别为

$$Eu = A \left(\frac{l}{d} \right)^a Re^b， \quad Nu = B\,Re^c\,Pr^d， \quad Sh = C\,Re^e\,Sc^f \tag{1.3.8}$$

其中各式中的常数（例如 $A, a, b, \cdots$）可由实验数据通过计算求出。

（2）纯经验方法。根据长期积累的经验，有时也可决定整理数据时应该采用什么样的数学模型。例如，生物实验中的细菌培养，设原来细菌数量为 a，繁殖率为 b，则细菌总量 y 与时间 t 的关系呈指数关系，即 $y = a\mathrm{e}^{bt}$。

（3）实验曲线图解法。将实验数据先标绘在普通坐标纸上，得一直线或曲线。

如果是直线，则根据初等数学可知 $y = a + bx$，其中 a, b 值可由直线的截距和斜率求得。

如果不是直线，可将实验曲线和典型的函数曲线相对照，选择与实验曲线相似的典型曲线函数，然后用直线化方法（即将曲线函数转化成线性函数），并对所选函数与实验数据的符合程

度加以检验。如为直线,则可确定其常数值;如偏离直线,则重新直线化。如此反复,直到符合直线关系为止。

2. 常见函数的典型图形及直线化方法

如幂函数

$$y = ax^b \tag{1.3.9}$$

两边取对数得

$$\lg y = \lg a + b\lg x \tag{1.3.10}$$

令 $X = \lg x$, $Y = \lg y$。则得直线化方程

$$Y = \lg a + bX \tag{1.3.11}$$

三、实验数据处理

(一) 图解法求经验公式中的常数

经验公式选定后,要按照实验数据确定公式中的常数。这里简要介绍用图解法求经验公式中的常数。

1. 幂函数的线性图解

当研究的变量间满足幂函数($y = ax^b$)时,将实验数据(x_i, y_i)标绘在对数坐标纸上,其图形是一直线。

(1) 常数 b 的确定方法。① 先读数后计算。在标绘所得的直线上,取相距较远的两点,读取两对(x, y)值,然后按下式计算直线斜率 b:

$$b = \frac{\lg y_2 - \lg y_1}{\lg x_2 - \lg x_1} \tag{1.3.12}$$

② 先测量后计算。在两坐标轴比例尺相同的情况下,可用直尺量出直线上 A_1 和 A_2 两点之间的水平及垂直距离,然后按式(1.3.13)计算。

$$b = \frac{A_1 \text{ 和 } A_2 \text{ 两点间垂直距离的实测值 } L_y}{A_1 \text{ 和 } A_2 \text{ 两点间水平距离的实测值 } L_x} \tag{1.3.13}$$

(2) 常数 a 的确定方法。在对数坐标系中坐标原点为 $x = 1$, $y = 1$。在 $y = ax^b$ 中,当 $x = 1$ 时 $y = a$,因此常数 a 的值可由直线与过坐标原点的 y 轴交点的纵坐标来定出。如果 x 和 y 的值与 1 相差甚远,图中找不到坐标原点,则由直线上任一已知点 A_i 的坐标(x_i, y_i)和已求出的斜率 b,按式 $a = \dfrac{y_i}{x_i^b}$ 计算 a 的值。

2. 指数或对数函数的线性图解

当所研究的函数关系为指数函数($y = ae^{kx}$)或对数函数($y = a + b\lg x$)时,将实验数据(x_i, y_i)标绘在半对数坐标纸上的图形是一直线。

(1) 常数 k 或 b 的求法。在直线上任取相距较远的两点,根据两点的坐标(x_1, y_1),(x_2, y_2)来求直线的斜率。

对 $y = ae^{kx}$,纵轴 y 为对数坐标,则

$$b = \frac{\lg y_2 - \lg y_1}{x_2 - x_1} \tag{1.3.14}$$

$$k = \frac{b}{\lg \mathrm{e}} \tag{1.3.15}$$

对 $y = a + b\lg x$,横轴 x 为对数坐标,则

$$b = \frac{y_2 - y_1}{\lg x_2 - \lg x_1} \tag{1.3.16}$$

(2)常数 a 的求法。可以将直线上任一点的坐标(x_i, y_i)和已经求出的系数 k 或 b,代入函数关系式后求解。即

由 $y_i = a\mathrm{e}^{kx_i}$,可得 $a = \dfrac{y_i}{\mathrm{e}^{kx_i}}$;

由 $y_i = a + b\lg x_i$,可得 $a = y_i - b\lg x_i$。

(二)实验数据的回归分析法

有的因变量与自变量之间并不存在确定的函数关系,但是从大量的统计数据看,它们可能存在某种规律,即存在某种相关关系。从相关变量中找出合适的数学方程式的过程称为回归,得到的数学方程式称为回归方程式或回归模型。回归也称为“拟合”,它是从大量的实验数据中,寻找隐藏在内部的统计性规律的方法。回归分析法与计算机技术相结合,已成为确定经验公式有效的手段之一。这里简要介绍一元线性回归、多元线性回归和非线性回归。

1. 一元线性回归

画出 n 个数据点(x_1, y_1),(x_2, y_2),$\cdots$,(x_n, y_n)的散点图,如果数据 x 与 y 之间大致呈现线性关系,则可以建立因变量 y 与自变量x 之间的一元线性回归方程,即

$$\hat{y} = a + bx \tag{1.3.17}$$

式中,$\hat{y}$ 为由回归值计算的值;a,b 为回归系数,可由最小二乘法求解。

2. 多元线性回归

在实际问题中,自变量往往不止一个,而因变量只有一个。这类问题就是多元回归问题,其中最简单的是多元线性回归。如果因变量 y 与 m 个自变量 x_1,x_2,$\cdots$,x_m 之间存在线性相关关系,则可建立如式(1.3.18)所示的一次回归方程式,即

$$\hat{y} = b_0 + b_1 x_1 + b_2 x_2 + \cdots + b_m x_m \tag{1.3.18}$$

设有 n 组实验测量值,则

$$(x_{1i}, x_{2i}, \cdots, x_{mi}, y_i), \quad i = 1, 2, 3, \cdots, n \tag{1.3.19}$$

同样用最小二乘法进行处理,得到线性方程组。通过对线性方程组的求解,可得到线性回归系数$(b_0, b_1, b_2, \cdots, b_m)$,从而得到回归方程式。

3. 非线性回归

在化学工程实验中,许多实验数据的因变量和自变量之间存在着复杂的非线性关系,这就要进行非线性回归得到非线性的回归方程式。非线性函数分为两种:一种是可以转化为线性函数的,另一种是不可以转化为线性函数的。非线性函数转化为线性函数后,就可以按线性回归的方法进行拟合。例如:

指数函数

$$y = c\,\mathrm{e}^{bx} \tag{1.3.20}$$

两边取自然对数,得

$$\ln y = \ln c + bx \tag{1.3.21}$$

令 $Y = \ln y, c' = \ln c$,则式(1.3.21)变为

$$Y = c' + bx \tag{1.3.22}$$

指数函数转化为线性函数后,可以按线性回归方法拟合。

四、计算机数据处理简介

1. 使用 Excel 软件处理数据

电子表格 Excel 具有强大的表格绘制功能和数据计算功能,能进行方程求解、线性回归和非线性回归,并且具有图形绘制和简单数据库的功能。电子表格 Excel 简单易学,不需要学习计算机语言和编程,对于化学工程实验中复杂的数据计算,电子表格显示了明显的优势,化学工程实验中的大部分实验数据都可以使用 Excel 软件进行处理。

2. 使用 Origin 软件绘制曲线及拟合

Origin 是在 Windows 平台下用于数学分析和工程绘图的软件,功能强大,应用很广。它最基本的功能是曲线拟合,是化学工程实验进行数据处理的有力工具。

第二章　经典化学工程实验

本章就实验内容而言为"三传一反"的经典化学工程实验内容,即动量传递、热量传递、质量传递和化学反应工程,共 10 个实验。这些实验涉及化学工程基础的各个方面,既有单元操作实验,又有反应工程实验;既有验证实验,又有探究实验;既有基础实验,又有综合实验。本章实验内容丰富,且具有系统性,可供各专业学生根据课程设置进行选择。

本章就实验类型而言分为基础实验和综合实验。基础实验可以在传统的授课模式下进行,实验时间比较短、实验步骤比较单一,如离心泵计算机数据采集和过程控制实验、能量转换(伯努利方程)演示实验、填料塔流体力学性能和吸收传质系数的测定、传热综合实验等;综合实验一般由若干步骤组成,实验时间较长。如反应精馏法制乙酸乙酯,该实验使化学反应与分离操作同时进行,能显著提高转化率,降低消耗。实验是以乙酸和乙醇为原料,在酸催化下生成乙酸乙酯的可逆反应。该反应中乙醇、水、乙酸乙酯三个组分可形成二元共沸物,水-酯、水-醇共沸物沸点较低,醇和酯不断地从塔顶排出,从而使转化率提高。若控制反应原料比例,可使组分转化完全。再如微反应器中的酯化反应,该实验在微反应器里进行乙酸乙酯的合成,探究实验条件对原料转化率的影响。通过该实验可以了解微反应器的结构和反应特点,掌握新反应技术。综合实验可以培养学生处理复杂问题的能力,增强学生的创新意识。

本章的实验项目有近一半的实验,包括离心泵计算机数据采集和过程控制实验、板式塔连续精馏实验、填料塔流体力学性能和吸收传质系数的测定、传热综合实验、计算机控制多釜串联返混性能测定实验等,采用了计算机自动数据采集、自动数据处理技术,使学生了解计算机技术在现代化工中的应用。

实验一　离心泵计算机数据采集和过程控制实验

一、实验目的

(1) 学会测定在一定转速下的离心泵特性。
(2) 掌握管路特性曲线的测定。
(3) 了解离心泵各项主要特性及其相互关系。
(4) 了解离心泵的构造、安装流程、正常操作过程以及操作原理。

二、实验原理

可以先扫描二维码 2.1.1,了解离心泵工作原理。

二维码 2.1.1　离心泵工作原理

离心泵主要特性参数有流量、扬程、功率和效率。这些参数不仅表征泵的性能,也是选择和正确使用泵的主要依据。

1. 泵的流量 Q

泵的流量即泵的送液能力,是指单位时间内泵所排出的液体体积。泵的流量可由涡轮流量计直接读出,单位为 $m^3 \cdot h^{-1}$。

2. 泵的扬程 H

泵的扬程即总压头,表示单位质量液体从泵中所获得的机械能。

在泵的吸入口和压出口之间列伯努利(Bernoulli)方程,即

$$Z_入 + \frac{P_入}{\rho g} + \frac{u_入^2}{2g} + H = Z_出 + \frac{P_出}{\rho g} + \frac{u_出^2}{2g} + H_{f(入-出)} \tag{2.1.1}$$

$$H = (Z_出 - Z_入) + \frac{P_出 - P_入}{\rho g} + \frac{u_出^2 - u_入^2}{2g} + H_{f(入-出)} \tag{2.1.2}$$

式(2.1.1)和式(2.1.2)中,$H_{f(入-出)}$ 是泵的吸入口和压出口之间管路内的流体流动阻力,与伯努利方程中其他项比较,$H_{f(入-出)}$ 值很小,故可忽略。于是式(2.1.2)变为

$$H = (Z_出 - Z_入) + \frac{P_出 - P_入}{\rho g} + \frac{u_出^2 - u_入^2}{2g} \tag{2.1.3}$$

式中,$(Z_出 - Z_入)$ 为两测压点之间的高度差,本装置为 0.225 m;$P_入$ 为由真空表测得的真空度,MPa;$P_出$ 为由压力表测得的表压强,MPa;$u_入$ 为泵入口测压点处的速度,$m \cdot s^{-1}$;$u_出$ 为泵出口测压点处的速度,$m \cdot s^{-1}$;ρ 为水的密度,$kg \cdot m^{-3}$。

将测得的 $(Z_出 - Z_入)$ 和 $(P_出 - P_入)$ 的值以及计算所得的 $u_入$,$u_出$ 代入式(2.1.3),即可求得 H 值,单位为 m。

流速 u 与流量 Q 之间的关系为

$$u = \frac{Q}{\left(\frac{\pi}{4}\right)d^2 \times 3600}$$

3. 泵的轴功率 N

由电动机输入泵轴的功率称为泵的轴功率,单位为 W 或 kW。功率表测得的功率为电动机的输入功率。由于泵由电动机直接带动,传动效率可视为 1,所以电动机的输出功率等于泵

的轴功率。即

$$泵的轴功率 N = 电动机输出功率 \quad (kW)$$
$$电动机输出功率 = 电动机输入功率 × 电动机效率 \quad (kW)$$
$$泵的轴功率 = 功率表读数 × 电动机效率 \quad (kW)$$

4. 泵的效率 η

泵的效率可由测得的泵的有效功率 N_e 和泵的轴功率 N 计算得出,即

$$\eta = \frac{N_e}{N} \tag{2.1.4}$$

$$N_e = \frac{HQ\rho}{102} \quad (kW) \tag{2.1.5}$$

式中,η 为泵的效率;N 为泵的轴功率,kW;N_e 为泵的有效功率,kW;H 为泵的扬程,m;Q 为泵的流量,$m^3 \cdot h^{-1}$;ρ 为水的密度,$kg \cdot m^{-3}$。

5. 泵的特性曲线

上述各项泵的特性参数并不是孤立的,而是相互制约的。因此,为了准确全面表征离心泵的性能,要在一定转速下,将实验测得的各项参数 H,N,η 与 Q 之间的变化关系标绘成一组曲线。这组关系曲线称为离心泵特性曲线,如图 2.1.1 所示。通过离心泵特性曲线,我们对离心泵的操作性能有一个完整的概念,并由此可确定泵的最适宜操作状况。

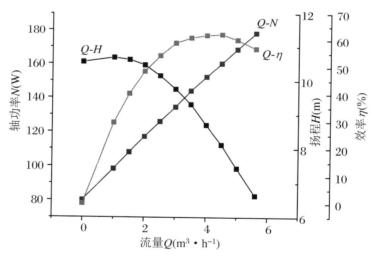

图 2.1.1　离心泵特性曲线

通常,离心泵在恒定转速下运转,因此泵的特性曲线是在一定转速下测得的。若改变转速,泵的特性曲线也将随之改变。泵的流量 Q、扬程 H 和有效功率 N_e 与转速 n 之间,大致存在如下比例关系:

$$\frac{Q}{Q'} = \frac{n}{n'}, \quad \frac{H}{H'} = \left(\frac{n}{n'}\right)^2, \quad \frac{N_e}{N_e'} = \left(\frac{n}{n'}\right)^3 \tag{2.1.6}$$

6. 管路特性曲线

每种型号的离心泵,在一定转速下都有其自身固有的特性曲线。但当离心泵安装在特定

管路系统操作时,实际的工作压头和流量不仅遵循特性曲线上二者的对应关系,而且还受管路特性所制约。

离心泵在管路中正常运行时,泵所提供的流量和压头应与管路系统所要求的数值一致。此时,安装于管路中的离心泵必须同时满足管路特性方程与泵的特性方程,即管路特性方程(H_e 与 Q_e 的关系曲线):

$$H_e = K + GQ_e^2 \qquad (2.1.7)$$

泵的特性方程(H 与 Q 的关系曲线):

$$H = f(Q) \qquad (2.1.8)$$

联立求解上述两方程即可得到两特性曲线的交点,对所选定的泵以一定的转速在此管路系统中操作时,只能在此点工作。在此点时,$H = H_e$,$Q = Q_e$。

三、实验装置

本实验装置利用循环水系统,采用电动调节阀调节流量,完成离心泵在一定转速下特性曲线的测定;通过改变功率表 SV 处数据改变变频器频率,测定并绘制离心泵在不同转速时(或流量调节阀不同开度下)管路的特性曲线;通过计算机数据采集和控制操作,了解其基本原理和实验方法。

1. 离心泵性能测定流程

离心泵性能测定流程示意图如图 2.1.2 所示,仪表面板示意图如图 2.1.3 所示。

2. 实验设备主要技术参数

(1)设备参数如下:

离心泵型号	WB70/055
真空表测压位置管内径	$d_入 = 0.036$ m
压强表测压位置管内径	$d_出 = 0.042$ m
真空表与压强表测压口之间垂直距离	$h_0 = 0.225$ m
实验管路	$d = 0.040$ m
电动机效率	60%

(2)流量测量:

涡轮流量计:

型号	LWY-40C
量程	$0 \sim 20$ m^3 · h^{-1}

(3)功率测量:

功率表:

型号	PS-139
精度	1.0 级

(4)泵入口真空度测量:

真空表表盘直径	100 mm
测量范围	$-0.1 \sim 0$ MPa

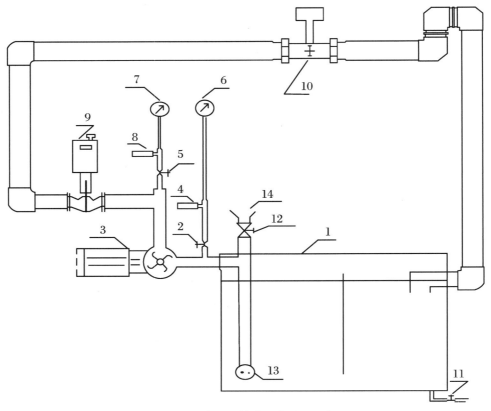

图 2.1.2　离心泵性能测定流程示意图

1. 水箱；　2. 泵入口真空表控制阀；　3. 离心泵；　4. 泵入口压力传感器；　5. 泵出口压力表控制阀；　6. 泵入口真空表；　7. 泵出口压力表；　8. 泵出口压力传感器；　9. 电动流量调节阀；　10. 涡轮流量计；　11. 水箱排水阀；　12. 灌水控制阀门；　13. 底阀；　14. 灌水口

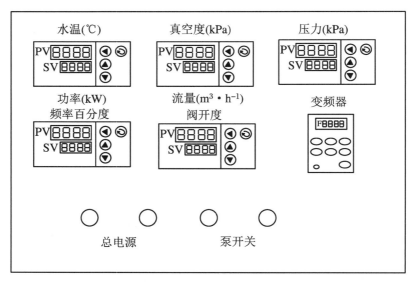

图 2.1.3　仪表面板示意图

（5）泵出口压力的测量：

压力表表盘直径　　　　　　　　100 mm

测量范围　　　　　　　　　　　　0～0.25 MPa

（6）差压变送器：

测量范围　　　　　　　　　　　　0～500 kPa

测量范围　　　　　　　　　　　　－100～0 kPa

（7）温度计：

型号　　　　　　　　　　　　　　Pt100

四、实验步骤

扫描二维码 2.1.2，了解离心泵实验操作步骤。

二维码 2.1.2　离心泵实验操作视频

实验前检查电动流量调节阀 9、压力表 7 及真空表 6 的控制阀 5 和 2 是否关闭（应关闭），并向水箱 1 内注入蒸馏水。

1. 手动操作（离心泵特性曲线）

（1）将真空表控制阀、压力表控制阀关闭，从灌水口 14 灌水直至水满为止。启动实验装置总电源，利用流量表将电动流量调节阀全关。（流量表 SV 窗显示 M 0 时，表示电动流量调节阀处于全关状态。功率表 SV 窗显示 M 100。）

（2）打开离心泵电源开关，通过改变流量表 SV 处数据，缓慢打开电动流量调节阀 9 至全开。

（3）待系统内流体流动稳定后，打开压力表 7 和真空表 6 的控制阀 5 和 2，即可开始测取数据。

（4）测取数据的顺序可从最大流量开始逐渐减小至 0，反之操作亦可。一般测取 10～20 组数据。

（5）测定数据时，一定要在系统稳定条件下进行记录，分别读取流量、压力、真空度、功率及流体温度等数据并记录。

2. 手动操作（管路特性曲线）

（1）将真空表控制阀、压力表控制阀关闭，从灌水口 14 灌水直至水满为止。启动实验装置总电源，利用流量表将电动流量调节阀全开。（流量表 SV 窗显示 M 100 时，表示电动流量调节阀处于全开状态。）

（2）打开离心泵电源开关，通过改变功率表 SV 处数据改变变频器频率，继而改变离心泵转速,实现管路数据的测定。

(3) 待系统内流体流动稳定后,打开压力表 7 和真空表 6 的控制阀 5 和 2,即可开始测取数据。

(4) 测取数据的顺序可从最大转速开始逐渐减小转速,反之操作亦可。一般测取 10～20 组数据。

(5) 测定数据时,一定要在系统稳定条件下进行记录,分别读取流量、压力、真空度、功率及流体温度等数据并记录。

(6) 实验结束时,关闭电动流量调节阀,停泵,切断电源。

3. 计算机数据采集和控制操作

(1) 打开电脑,找出应用程序并启动。

(2) 将真空表控制阀、压力表控制阀关闭,从灌水口 14 灌水直至水满为止。启动实验装置总电源。

(3) 利用程序启动离心泵(点击程序界面卧式离心泵开关中的绿色按键),待系统内流体流动稳定后,打开压力表 7 和真空表 6 的控制阀门 5 和 2。利用计算机程序自动控制开始实验,进行数据采集、数据处理及图像绘制。

(4) 离心泵特性曲线测定时,点击"离心泵特性"按钮。管路特性曲线测定时,点击"管路特性"按钮。

(5) 实际操作过程如下:在手动控制界面下,在电动阀阀位调节窗中输入相应数值,按"流量调节"键(或在管路阀位控制程序界面的变频器频率调节窗口输入相应数值,按"频率调节"键),则计算机程序会按所输入的数值进行自动调节,此时,测量仪表显示数值发生相应变化,待各测量仪表显示数值稳定后,按下"采集数据"键进行数据采集,所采集到的数据会在界面上方显示出来。一般采集 10～20 组数据。

(6) 待数据采集完毕后,选择"数据处理"中的"计算数据"程序,计算机系统将对所采集的数据进行计算处理,并将计算结果显示在表格中。计算结束后点击"绘制图像"程序,计算机系统会将计算结果的图像显示出来。

(7) 实验结束时,关闭电动流量调节阀,停泵,切断电源。

五、实验注意事项

(1) 该装置电路采用五线三相制配电,实验设备应良好接地。

(2) 使用变频调速器时一定注意 FWD 指示灯是亮的,切忌按 $\boxed{\text{FWD REV}}$ 键,REV 指示灯亮时电动机将反转。

(3) 启动离心泵之前,一定要关闭压力表和真空表的控制阀 5 和 2,以免离心泵启动时对压力表和真空表造成损害。

六、实验结果与分析

(1) 实验测得的数据,可参考表 2.1.1 和表 2.1.2 进行记录。

表 2.1.1　离心泵性能测定数据记录表

序号	入口压力 $P_入$（MPa）	出口压力 $P_出$（MPa）	电动机功率（kW）	流量 Q（$m^3 \cdot h^{-1}$）	$u_入$（$m \cdot s^{-1}$）	$u_出$（$m \cdot s^{-1}$）	扬程 H（m）	泵轴功率 N（W）	η（%）
1									
2									
3									
4									
5									
6									
7									
8									
9									
10									

表 2.1.2　离心泵管路特性曲线

序号	电动机频率（Hz）	入口压力 P_1（MPa）	出口压力 P_2（MPa）	流量 Q（$m^3 \cdot h^{-1}$）	$u_入$（$m \cdot s^{-1}$）	$u_出$（$m \cdot s^{-1}$）	扬程 H（m）
1							
2							
3							
4							
5							
6							
7							
8							
9							
10							

（2）计算出在各测定流量下离心泵的扬程 H、轴功率 N、效率 η 值。

（3）在适当的坐标系上标绘出离心泵的特性曲线、管路特性曲线，并在此特性曲线上标出最佳工况参数，高效率区对应的 Q,H,η 的范围（在最高效率的 92% 范围内）。

（4）将泵铭牌上标示的性能参数与实际测得的离心泵所对应的性能参数进行比较。

七、思考题

（1）你对离心泵的操作，如先充液，密封启动，在高效区操作如何理解？

（2）离心泵启动和关闭之前，为何要关闭出口阀？

（3）利用离心泵的出口阀调节流量的方法有什么优缺点？是否还有其他调节流量的方法？

（4）离心泵铭牌上的参数是在什么条件下的参数？

（5）为什么要在转速一定时测定离心泵的性能参数及特性曲线？有什么实际意义？

实验二　能量转换（伯努利方程）演示实验

一、实验目的

（1）观察不可压缩流体在导管内流动时各种形式的机械能的相互转化现象。

（2）验证机械能衡算方程，即伯努利方程。

（3）加深对流体流动过程基本原理的理解。

二、实验原理

不可压缩流体在导管内做定常流动，系统与环境又无功的交换时，若以单位质量流体为衡算基准，则对确定的系统即可列出机械能衡算方程

$$gZ_1 + \frac{P_1}{\rho} + \frac{1}{2}u_1^2 = gZ_2 + \frac{P_2}{\rho} + \frac{1}{2}u_2^2 + \sum h_f \quad (\text{J} \cdot \text{kg}^{-1}) \qquad (2.2.1)$$

若以单位质量流体为衡算基准时，则又可表达为

$$Z_1 + \frac{P_1}{\rho g} + \frac{u_1^2}{2g} = Z_2 + \frac{P_2}{\rho g} + \frac{u_2^2}{2g} + \sum H_f \quad (\text{m 液柱}) \qquad (2.2.2)$$

式中，Z 为流体的位压头，m 液柱；P 为流体的压强，Pa；u 为流体的平均流速，$\text{m} \cdot \text{s}^{-1}$；$\rho$ 为流体的密度，$\text{kg} \cdot \text{m}^{-3}$；$\sum h_f$ 为流动系统内因阻力造成的能量损失，$\text{J} \cdot \text{kg}^{-1}$；$\sum H_f$ 为流动系统内因阻力造成的压头损失，m 液柱。下标 1 和 2 分别为系统的进口和出口两个截面。

对于不可压缩流体的机械能衡算方程，在各种具体情况下可进行适当简化，例如：

（1）当流体为理想液体时，式（2.2.1）和式（2.2.2）可简化为

$$gZ_1 + \frac{P_1}{\rho} + \frac{1}{2}u_1^2 = gZ_2 + \frac{P_2}{\rho} + \frac{1}{2}u_2^2 \quad (\text{J} \cdot \text{kg}^{-1}) \qquad (2.2.3)$$

$$Z_1 + \frac{P_1}{\rho g} + \frac{u_1^2}{2g} = Z_2 + \frac{P_2}{\rho g} + \frac{u_2^2}{2g} \quad (\text{m 液柱}) \qquad (2.2.4)$$

该式即为伯努利方程。

（2）当液体流经的系统为一水平装置的管道时，式（2.2.1）和式（2.2.2）又可简化为

$$\frac{P_1}{\rho} + \frac{1}{2}u_1^2 = \frac{P_2}{\rho} + \frac{1}{2}u_2^2 + \sum h_f \quad (\text{J} \cdot \text{kg}^{-1}) \qquad (2.2.5)$$

$$\frac{P_1}{\rho g} + \frac{u_1^2}{2g} = \frac{P_2}{\rho g} + \frac{u_2^2}{2g} + \sum H_{\mathrm{f}} \quad （\mathrm{m}\ 液柱） \tag{2.2.6}$$

（3）当流体处于静止状态时，式（2.2.1）和式（2.2.2）又可简化为

$$gZ_1 + \frac{P_1}{\rho} = gZ_2 + \frac{P_2}{\rho} \tag{2.2.7}$$

$$Z_1 + \frac{P_1}{\rho g} = Z_2 + \frac{P_2}{\rho g} \tag{2.2.8}$$

或者可将式（2.2.8）改写为

$$P_2 - P_1 = \rho g\ (Z_1 - Z_2) \tag{2.2.9}$$

这就是流体静力学基本方程。

三、实验装置

本实验装置主要由高位槽（稳压溢流水槽）、低位槽、实验导管、测压管和离心泵组成。

实验导管为一水平装置的变径圆管，沿程分四处设置测压管和一个文氏流量计。每处测压管内有一对并列的测压管，分别测量该截面处的静压头和冲压头。

该装置可演示流体在管内流动时静压能、动能、位能相互之间的转换关系，通过能量的变化了解流体在管内流动时其流体阻力的表现形式；可直接观测到当流体经过扩大、收缩管段时，各截面上静压头的变化过程。

（1）图 2.2.1 为能量转换演示实验流程示意图，图 2.2.2 为实验导管管路图。

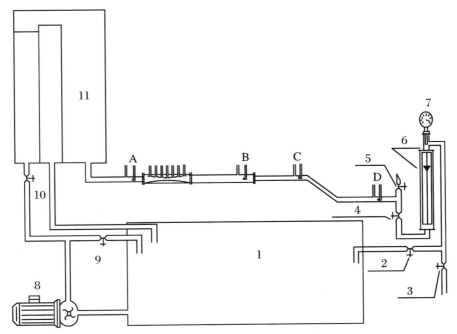

图 2.2.1　能量转换演示实验流程示意图

1. 水箱；　2. 回水阀；　3. 排水阀；　4. 流量调节阀；　5. 排气阀；　6. 流量计；　7. 温度计；

8. 离心泵；　9. 循环水阀；　10. 上水阀；　11. 高位水箱

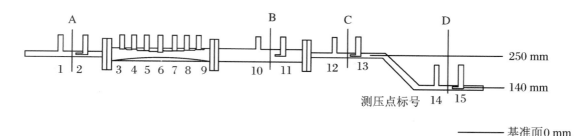

图 2.2.2　实验导管管路图

1～15. 测压点标号

（2）实验设备主要技术参数如下：

主体设备离心泵：型号 WB50/025

低位槽尺寸（mm）：880×370×550　　　材料：不锈钢

高位槽尺寸（mm）：445×445×730　　　材料：有机玻璃

（3）实验导管基本参数如下：

A 截面的直径	14 mm
B 截面的直径	28 mm
C 截面、D 截面的直径	14 mm（以标尺的零刻度为零基准面）
D 截面中心距基准面	$Z_D = 140$ mm
A 截面和 D 截面间距离	110 mm
A、B、C 截面	$Z_A = Z_B = Z_C = 250$ mm（即标尺为 250 mm）

四、实验步骤

（1）将低位槽灌入一定量的蒸馏水，关闭离心泵出口上水阀及实验导管出口流量调节阀、排气阀、排水阀，打开回水阀和循环水阀后启动离心泵。

（2）逐步开大离心泵出口上水阀，当高位槽溢流管有液体溢流后，利用流量调节阀调节出水流量。稳定一段时间。

（3）待流体稳定后读取并记录各点数据。

（4）逐步关小流量调节阀，重复以上步骤继续测定多组数据。

（5）分析讨论流体流过不同位置处的能量转换关系并得出结论。

（6）关闭离心泵，结束实验。

五、实验注意事项

（1）不要将离心泵出口上水阀开得过大，以免使水流冲击到高位槽外面，导致高位槽液面不稳定。

（2）水流量增大时，应检查一下高位槽内水面是否稳定，当水面下降时要适当开大上水阀补充水量。

（3）水流量调节阀调小时要缓慢，以免造成流量突然下降使测压管中的水溢出管外。

（4）注意排除实验导管内的空气泡。

（5）离心泵不要空转或在出口阀门全关的条件下工作。

六、实验结果与分析

（1）记录实验测得的数据（参考表 2.2.1）。

表 2.2.1　实验数据表

		流量		流量		流量	
		500 L·h⁻¹		400 L·h⁻¹		300 L·h⁻¹	
		压强测量值 (mmH₂O)	压头 (mmH₂O)	压强测量值 (mmH₂O)	压头 (mmH₂O)	压强测量值 (mmH₂O)	压头 (mmH₂O)
1	静压头						
2	冲压头						
3	静压头						
4	静压头						
5	静压头						
6	静压头						
7	静压头						
8	静压头						
9	静压头						
10	静压头						
11	冲压头						
12	静压头						
13	冲压头						
14	静压头						
15	冲压头						

（2）冲压头分析。冲压头为静压头与动压头之和。在实验中观测冲压头测压点 2～13 截面上的冲压头依次变化情况，试计算因阻力造成的压头损失 $H_{f,2～13}$（用冲压头计算）。

（3）同一水平面时截面间静压头分析。对于截面 1～10，虽然两截面处于同一水平位置，但是两截面的流速发生了变化。试说明两截面处静压头之差由动压头减小和两截面间的压头损失来决定。

（4）不同水平面截面间静压头分析。截面 12～14 的水平面发生了变化，但是两测压管的截面积相等即动压头相同。试分析位能和阻力损失对静压头的影响。

（5）压头损失的计算。以出口阀全开时从 C 到 D 的压头损失和 $H_{\text{f,C}\sim\text{D}}$ 为例。对 C 和 D 两截面间列伯努利方程，即

$$\frac{P_{\text{C}}}{\rho g} + \frac{u_{\text{C}}^2}{2g} + Z_{\text{C}} = \frac{P_{\text{D}}}{\rho g} + \frac{u_{\text{D}}^2}{2g} + Z_{\text{D}} + H_{\text{f,C}\sim\text{D}} \qquad (2.2.10)$$

压头损失的算法之一是用冲压头来计算，即

$$H_{\text{f,C}\sim\text{D}} = \left[\left(\frac{P_{\text{C}}}{\rho g} + \frac{u_{\text{C}}^2}{2g} \right) - \left(\frac{P_{\text{D}}}{\rho g} + \frac{u_{\text{D}}^2}{2g} \right) \right] + (Z_{\text{C}} - Z_{\text{D}}) \qquad (2.2.11)$$

压头损失的算法之二是用静压头来计算（$u_{\text{C}} = u_{\text{D}}$），即

$$H_{\text{f,C}\sim\text{D}} = \left(\frac{P_{\text{C}}}{\rho g} - \frac{P_{\text{D}}}{\rho g} \right) + (Z_{\text{C}} - Z_{\text{D}}) \qquad (2.2.12)$$

如两种计算方法所得结果基本一致，说明所得实验数据是正确的。

（6）文丘里测量段分析。本实验测量段 3～9 为文丘里管路。3～6 横截面积依次减小，6～9 横截面积依次增大。测量点 6 为喉径，横截面积最小。通过测量数据分析流速的变化即静压能与动压能的相互转化，进一步了解文丘里流量计的构造及工作原理。

七、思考题

（1）为什么实验前要排除管路、测压管中的气泡？
（2）请简单列举 1～2 个机械能相互转换的实例。

实验三　板式塔连续精馏实验

一、实验目的

（1）了解连续精馏塔的基本结构及流程。
（2）掌握连续精馏塔的操作方法，并能够排除精馏塔内出现的异常现象。
（3）学会板式精馏塔全塔效率和单板效率的测定方法。
（4）确定不同回流比对精馏塔效率的影响。

二、实验原理

精馏是分离过程的重要单元操作，被广泛用于化工和其他工业部门。连续精馏塔有板式塔和填料塔两大类。在板式塔连续精馏过程中，由塔釜产生的蒸气沿塔逐板上升，与来自塔顶逐板下降的回流液在塔板上多次部分汽化部分冷凝，进行传热与传质，使混合液达到一定程度的分离。

1. 全塔效率 E_T

全塔效率又称总板效率，是指达到指定分离效果所需理论板数与实际板数的比值，即

$$E_T = N_T / N_P \tag{2.3.1}$$

式中，N_T 为塔内所需理论板数；N_P 为塔内实际板数。

板式塔内各层塔板上的气液相接触效率并不相同，全塔效率简单地反映了整个塔内所有塔板的平均效率，它反映了塔板结构、物质性质、操作状况对塔分离能力的影响，一般需要由实验测定。式中，N_T 可由已知的双组分物系平衡关系，通过实验测得塔顶产品组成 x_D、料液组成 x_F、热状态 q、残液组成 x_W、回流比 R 等，用图解法求得；N_P 为塔内实际板数，是已知值，故可以求出总板效率。

2. 单板效率 E_M

E_M 是指气相或液相经过一层实际塔板前后的组成变化与经过一层理论塔板前后的组成变化的比值。按气相组成变化表示的单板效率为

$$E_{MV} = \frac{y_n - y_{n+1}}{y_n^* - y_{n+1}} \tag{2.3.2}$$

按液相组成的单板效率为

$$E_{ML} = \frac{x_{n-1} - x_n}{x_{n-1} - x_n^*} \tag{2.3.3}$$

式中，y_n，y_{n+1} 为离开第 n、$n+1$ 块塔板的气相组成，摩尔分数；x_{n-1}，x_n 为离开第 $n-1$、n 块塔板的液相组成，摩尔分数；y_n^* 为与 x_n 平衡的气相组成，摩尔分数；x_n^* 为与 y_n 平衡的液相组成，摩尔分数。如图 2.3.1 所示。

扫描二维码 2.3.1 和二维码 2.3.2，了解塔内出现的异常情况液泛和漏液。

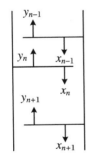
图 2.3.1　塔板气液流向示意图

二维码 2.3.1　液泛

二维码 2.3.2　漏液

三、实验装置

装置流程示意图和仪表面板示意图如图 2.3.2 和图 2.3.3 所示。

本实验所用的精馏塔为筛板塔，全塔共有 10 块塔板，由不锈钢板制成。塔身由内径为 50 mm 的不锈钢管制成，第二段和第十段采用耐热玻璃材质，便于观察塔内气液相流动状况。其余塔段有保温材料。降液管由外径为 8 mm 的不锈钢管制成。筛孔直径为 2 mm。塔内装有铂电阻温度计，用来测定塔内气相温度。塔顶物料蒸气和塔底产品在管外冷凝并冷却，管内

通冷却水。塔釜采用电加热。

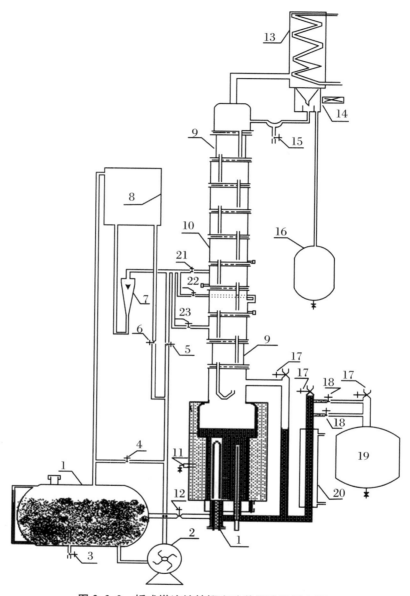

图 2.3.2 板式塔连续精馏实验装置流程示意图

1. 储料罐；2. 进料泵；3. 放料阀；4. 料液循环阀；5. 直接进料阀；6. 间接进料阀；
7. 流量计；8. 高位槽；9. 玻璃观察段；10. 精馏塔；11. 塔釜取样阀；12. 釜液放空阀；
13. 塔顶冷凝器；14. 回流比控制器；15. 塔顶取样阀；16. 塔顶液回收罐；17. 放空阀；
18. 塔釜出料阀；19. 塔釜储料罐；20. 塔釜冷凝器；21. 第七块板进料阀；22. 第八块板
进料阀；23. 第九块板进料阀

混合液体由储料罐经进料泵、进料阀直接(由高位槽转子流量计计量)进入塔内。塔釜装
有液位计用于观察釜内存液量。塔底产品经过冷却后经平衡管流出。回流比控制器用来控制

回流比,馏出液储罐接收馏出液。回流比控制采用电磁铁吸合摆针方式来实现。

塔顶 塔板温度(℃)	塔板 回流液 塔釜 进料温度(℃)

塔釜液位　　　　　　　回流比控制器

加热电压控制器

○ ○　　　　　　○ ○
电源开关　　　　　　回流比开关

○ ○　　　　　　○ ○
进料泵开关　　　　　加热开关

图 2.3.3　仪表面板示意图

本实验中用乙醇-水溶液体系,原料组成为 15%～20%(V,体积分数,后同),塔顶馏出物乙醇浓度达 94%～95%(V),塔釜残液乙醇浓度为 2%～3%(V)。

实验用自动折光仪型号为 Abbemat 300,乙醇快速检测仪(GDYQ-110SB)和乙醇试剂由北京亿百万电子有限公司提供。

四、实验步骤

扫描二维码 2.3.3,了解板式塔连续精馏实验步骤。

二维码 2.3.3　板式塔连续精馏实验操作视频

(1) 配制体积分数为 20% 的乙醇-水混合液(总体积为 7.5 L),倒入储料罐。

(2) 打开直接进料阀和进料泵开关,向精馏釜内加料到指定高度(翻转液位计读数为 400 mm),而后关闭直接进料阀和进料泵。

全回流操作如下:

① 打开塔顶冷凝器进水阀,保证冷却水足量。

② 记录室温。接通总电源开关(220 V)。

③ 调节加热电压约为 110 V,待塔板上建立液层后再适当调节电压,使塔内维持正常操作。

④ 当各块塔板上鼓泡均匀后,保持加热釜电压不变,在全回流情况下稳定 20 min 左右。期间要随时观察塔内传质情况直至操作稳定。

⑤ 分别在塔顶、塔釜取样口同时取样。

⑥ 通过自动折光仪或乙醇快速检测仪分析样品浓度,记录温度(自动折光仪和乙醇快速检测仪的使用方法见本实验后附录)。

部分回流操作如下:

① 打开间接进料阀和进料泵,调节转子流量计,以 2.0~3.0 L·h^{-1} 的流量向塔内加料,用回流比控制器调节回流比为 $R = 4$,馏出液收集在塔顶液回收罐中。

② 塔釜产品经冷却后由溢流管流出,收集在容器内。

③ 待操作稳定后,观察塔板上传质状况,记下加热电压、塔顶温度等有关数据,整个操作中维持进料流量计读数不变,分别在塔顶、塔釜和进料三处取样,用自动折光仪或乙醇快速检测仪分析其浓度并记录进塔原料液的温度。

(3) 取好实验数据并检查无误后可停止实验,此时关闭进料阀和加热开关,关闭回流比控制器开关。

(4) 停止加热至塔顶温度降至低于 40 ℃后再关闭冷却水,一切复原。

计算机操作如下:

将计算机和设备用数据线相连接,打开设备总电源,打开计算机精馏程序,用程序控制加热、进料泵、回流比控制器的开关,设置加热电压和回流比数值并查看温度曲线。

五、实验注意事项

(1) 因为实验所用物系属易燃物品,所以实验中要特别注意安全,操作过程中避免洒落以免发生危险。

(2) 本实验设备加热功率由仪表自动调节,注意加热升温要缓慢,以免发生暴沸使釜液从塔顶冲出。若出现此现象应立即断电,重新操作。升温和正常操作过程中釜的电功率不能过大。

(3) 操作前,要先接通冷却水再向塔釜供热。

(4) 使用自动折光仪测定折光率时,要同时记录测量温度,并绘制折光率-浓度曲线,根据样品所测得的折光率数据,在工作曲线上分析样品浓度。

(5) 为便于对全回流和部分回流的实验结果(塔顶产品质量)进行比较,应尽量使两组实验的加热电压及所用料液浓度相同或相近。连续实验时,应将前一次实验留存在塔釜、塔顶、塔底产品接收器内的料液倒回原料液储罐中循环使用。

六、实验结果与分析

(1) 自主选择乙醇浓度检测的方法:自动折光仪或乙醇快速检测仪。

（2）若使用自动折光仪测定乙醇浓度，请绘制乙醇-水溶液体系关于折光率-浓度的标准曲线。根据实验结果，计算全回流操作中塔顶、塔釜溶液组成以及部分回流操作中塔顶、塔釜和进料溶液组成。

（3）计算相对挥发度。

（4）计算理论塔板数 N_T 和全塔效率 E_T。

七、思考题

（1）测定全回流与部分回流时的总板效率（或等板高度）与单板效率，各需测取哪几个参数？取样位置应在何处？

（2）得到板式塔上的第 n、$n-1$ 层塔板上的液样组成后，如何求得 x_n^*？部分回流时，又如何求 x_n^*？

（3）在全回流时，测得板式塔上第 n、$n-1$ 层塔板上的液样组成后，能否求出第 n 层塔板上的以气相组成变化表示的单板效率 E_{MV}？

（4）查取进料的汽化潜热时，定性温度取何值？

（5）若测得单板效率超过 100%，如何解释？

附一　Abbemat 300 型自动折光仪操作步骤

一、校正步骤

（一）进行单点校正

使用去离子水或蒸馏水，要在规定的测量温度下进行校正。

（1）按〈Menu〉（菜单）并选择 Checks/Adjustments→Adjustments→One Point Adjustment（检查/校正→校正→单点校正）。

（2）选择〈Water[Method Temp.]〉（水[方法 温度]）作为参照物质。并在实际方法温度下进行校正。

（3）按〈Start〉（开始）。

（4）将水滴入测量棱镜，然后按〈OK〉（确定）。（注：需将样品均匀滴到折光仪的棱镜上，样品的高度应至少在棱镜表面上方 1 mm。）

（5）完成校正测量后，系统会显示旧值和新值。可以根据需要选择运用校正数据或拒绝校正。按〈Reject〉（拒绝）或者〈Apply〉（应用）。

（6）按〈OK〉（确定）。

（二）进行双点校正

如果测量到的结果与标准的偏差随折光率的增加而增加或者减少，则可通过进行双点校正来更正此偏差。需要两个具有认证的折光率参照标准物质。

（1）按〈Menu〉（菜单）并选择 Checks/Adjustments→Adjustments→Two Point Adjustment（检查/校正→校正→双点校正）。

（2）选择用于较低折光率的参考物质（例如水）。输入该物质的参照温度和参照值，按〈Next〉（下一步）。

（3）选择用于较高折光率的参照物质。仪器的数据库中已内置多个参照物质，可以选择一种。输入该物质的参考温度和参考值，按〈Start〉（开始）。

（4）将低点的校正参考物质滴入测量棱镜，然后按〈OK〉（确定）。（注：需将样品均匀滴到折光仪的棱镜上，样品的高度应至少在棱镜表面上方 1 mm。）

（5）完成校正测量后，系统会显示旧值和新值。可以根据需要选择运用校正数据或拒绝校正。按〈Reject〉（拒绝）或者〈Apply〉（应用）。

（6）如果选择了〈Apply〉（应用），下一步进行高点校正。

（7）完成校正测量后，系统会显示旧值和新值。可以根据需要选择运用校正数据或拒绝校正。按〈Reject〉（拒绝）或者〈Apply〉（应用）。

（三）设置空气参考值

如果对校正结果不满意并且读数不稳定，则必须进行空气参考值设置。若要设置空气参考值，则测量棱镜必须经过彻底清洁并且干燥。

（1）按〈Menu〉（菜单）并选择 Checks/Adjustments→Adjustments→Set Air Reference（检查/校正→校正→设置空气参考值）。

（2）按〈OK〉（确定）。

（3）设置空气参考值后，按〈OK〉（确定）。

二、折光率值测试步骤

（1）仔细清洁棱镜。使用水或者溶剂清洁棱镜表面，用擦镜纸擦除试剂。每个清洁步骤中都应该使用新的擦镜纸，避免用手接触棱镜。

（2）使用滴管将待测试剂滴在棱镜上，样品高度应至少在棱镜表面上方 1 mm。

（3）在棱镜上滴入样品后，立即盖上黑色盖，以避免蒸发和防止环境光进入光学系统，从而影响测量结果。

（4）上一步完成后，可能需要经过一些时间，直到样品达到设置温度并且显示恒定结果。

（5）测试结束后，使用水或者溶剂清洁棱镜表面，用擦镜纸擦除试剂。

三、操作及维护注意事项

（一）操作

（1）加样时，不能将滴管口触及棱镜镜面，避免用手指接触棱镜镜面。

(2) 具有酸碱腐蚀性的样品不可以使用该折光仪进行测试。

(3) 为了获得准确的测试结果,要将样品均匀地滴入棱镜,样品只要加 3～4 滴,不可以过量。

（二）维护

(1) 用滤纸吸水,但不能用滤纸擦拭,使用擦镜纸擦拭棱镜镜面。

(2) 清理镜面的试剂可以为纯水,也可以为乙醇或者丙酮,要按照测试样品来选择合适的溶剂。

(3) 避免将带有硬性杂质的样品滴入棱镜。

附二　乙醇快速检测仪的使用方法

(1) 用移液枪移取 1 mL 待测液于提取瓶中。

(2) 用水稀释至 20 mL,旋紧瓶盖,上下摇动 5 次。

(3) 用移液枪移取 0.2 mL 稀释液至一比色瓶中,用水稀释至 5 mL,作为样品比色瓶。

(4) 在另一比色瓶中加水至 5 mL,作为空白比色瓶。

(5) 分别向空白及样品比色瓶中加入 1 mL 乙醇试剂,旋紧比色瓶瓶盖,上下摇动 3 次,放入 100 ℃水浴中加热显色 20 min。

(6) 取出空白及样品比色瓶,用自来水冲洗外壁回至室温。

(7) 擦净外壁,将空白比色瓶放入比色槽中,盖上遮光盖。

(8) 开机,调零。

(9) 取出空白比色瓶,将样品比色瓶放入比色槽中,盖上遮光盖,按"浓度"键测量。

实验四　连续填料精馏塔分离能力的测定

一、实验目的

(1) 本实验采用正庚烷-甲基环己烷理想二元混合液、乙醇-正丙醇二元混合液或乙醇-水二元混合液作为实验物系,在不同回流比下测定连续精馏塔的等板高度（当量高度）。并以精馏塔的利用系数作为优化目标,实验寻求精馏塔的最优操作条件。

(2) 通过实验观察连续精馏的操作状况,掌握实验室连续精密分馏的操作技术和实验研究方法,从而提升独立解决实验室精馏问题的实际能力;了解连续填料精馏塔的结构及操作,加深对连续精馏原理的理解。

二、实验原理

　　在工厂和实验室中,连续精馏塔的应用十分广泛。在定常状态下,采用连续精馏的方法分离均相混合液,以达到精制原料和产品的目的。连续精馏塔有板式塔和填料塔两大类。如何提高连续填料精馏塔的分离能力也是重要的研究课题之一。

　　影响连续填料精馏塔分离能力的因素众多,大致可归纳为三个方面:一是物性因素,如物系及其组成,气液两相的各种物理性质等;二是设备结构因素,如塔径与塔高,填料的形式、规格、材质和填充方法等;三是操作因素,如蒸气速度,进料状况和回流比等。在既定的设备和物系中主要影响分离能力的操作变量为蒸气上升速度和回流比。

　　在一定的操作气速下,表征在不同回流比下的填料精馏塔分离性能,常以每米填料高度所具有的理论塔板数,或者与一块理论塔板相当的填料高度,即等板高度(HETP),作为主要指标。

　　在一定回流比下,连续精馏塔的理论塔板数可采用逐板计算法(Lewis-Matheson 法)或图解计算法(McCabe-Thiele 法)。

　　逐板计算法或图解计算法的依据,都是气液平衡关系式和操作线方程。后者只是采用绘图方法替代前者的逐板解析计算。但对于相对挥发度小的物系,采用逐板计算法更为精确。采用计算机进行程序计算,尤为快速、简便。

　　精馏段的理论塔板数可按下列平衡关系式和精馏段操作线方程进行逐板计算:

$$y_n = \frac{\alpha x_n}{1 + (\alpha - 1)x_n} \tag{2.4.1}$$

$$y_{n+1} = \frac{R}{R+1}x_n + \frac{x_d}{R+1} \tag{2.4.2}$$

　　提馏段的理论塔板数又需按上列平衡关系式和提馏段操作线方程进行逐板计算。提馏段操作线方程为

$$y_{m+1} = \frac{R + qR'}{(R+1) - (1-q)R'}x_m - \frac{R'-1}{(R+1) - (1-q)R'}x_w \tag{2.4.3}$$

　　若进料液为泡点温度下的饱和液体,即进料热状态参数 $q = 1$,则提馏段操作线方程可简化为

$$y_{m+1} = \frac{R + R'}{R+1}x_m - \frac{R'-1}{R+1}x_w \tag{2.4.4}$$

上列各式中,y 为蒸气相中易挥发组分的含量,摩尔分数;x 为液相中易挥发组分的含量,摩尔分数;α 为相对挥发度;R 为回流比(回流液的摩尔流率与馏出液的摩尔流率之比,即 $R = F_l/F_d$);R' 为进料比(进料摩尔流率与馏出液摩尔流率之比,即 $R' = F_f/F_d$);n,m,d,f,l,w 为精馏段塔板序号、提馏段塔板序号、馏出液、进料液、回流液和釜残液。

　　在全回流下,理论塔板数可由逐板计算法导出的简单公式,即芬斯克(Fenske)公式进行计算,即

$$N_{T,0} = \frac{\ln\left[\left(\dfrac{x_d}{1-x_d}\right)\left(\dfrac{1-x_w}{x_w}\right)\right]}{\ln \alpha} - 1 \tag{2.4.5}$$

式中,相对挥发度采用塔顶和塔底的相对挥发度的几何平均值,即 $\alpha = \sqrt{\alpha_d \cdot \alpha_w}$,其中 α_d 为塔顶相对挥发度,α_w 为塔底相对挥发度。

在全回流或不同回流比下等板高度 h_e 可按下式计算:

$$h_{e,0} = \frac{h}{N_{T,0}} \tag{2.4.6}$$

$$h_e = \frac{h}{N_T} \tag{2.4.7}$$

式中,$N_{T,0}$ 为全回流下测得的理论塔板数;N_T 为部分回流下测得的理论塔板数;h 为填料层的实际高度。

显然,理论塔板数或等板高度的大小受回流比的影响,在全回流下测得的理论塔板数最多,也即等板高度最小。为了表征连续精馏塔部分回流时的分离能力,有人曾提出采用利用系数作为指标。精馏塔的利用系数为在部分回流条件下测得的理论塔板数 N_T 与在全回流条件下测得的最大理论塔板数的比值,或者为在全回流与部分回流条件下分别测得的等板高度的比值,即

$$K = \frac{N_T}{N_{T,0}} = \frac{h_{e,0}}{h_e} \tag{2.4.8}$$

这一指标不仅与回流比有关,而且还与塔内蒸气上升速度有关。因此,在实际操作中,应选择适当操作条件,以获得适宜的利用系数。

蒸气的空塔速度 u_0 可按下式计算:

$$u_0 = \frac{4(L_1 + L_d)\rho_l}{\pi d^2 \rho_v} \quad (\text{m} \cdot \text{s}^{-1}) \tag{2.4.9}$$

式中,L_1,L_d 为回流液和馏出液的流量,$\text{m}^3 \cdot \text{s}^{-1}$;$\rho_l$,$\rho_v$ 为回流液和塔顶蒸气的密度,$\text{kg} \cdot \text{m}^{-3}$;$d$ 为精馏塔的内径,m。

回流液和塔顶蒸气的密度可分别按下列公式计算:

$$\rho_l = \frac{1}{\dfrac{w_A}{\rho_A} + \dfrac{w_B}{\rho_B}} = \frac{M_A x_A + M_B(1-x_A)}{\dfrac{M_A x_A}{\rho_A} + \dfrac{M_B(1-x_A)}{\rho_B}} \tag{2.4.10}$$

$$\rho_v = \frac{P\overline{M}}{RT} = \frac{P[M_A x_A + M_B(1-x_A)]}{RT}$$

式中,w_A,w_B 为回流液(或馏出液)中易挥发组分 A、难挥发组分 B 的质量分数;ρ_A,ρ_B 为组分 A 和 B 在回流温度下的密度,$\text{kg} \cdot \text{m}^{-3}$;$M_A$,$M_B$ 为组分 A 和 B 的摩尔质量,$\text{kg} \cdot \text{mol}^{-1}$;$x_A$,$x_B$ 为回流液(或馏出液)中组分 A 和 B 的摩尔分数,对于二元物系 $x_B = 1 - x_A$;P 为操作压强,Pa;T 为塔内蒸气的平均温度,K;$\overline{M}$ 为塔内蒸气的平均摩尔质量,$\text{kg} \cdot \text{mol}^{-1}$;$R$ 为气体常数,$\text{J} \cdot \text{mol}^{-1} \cdot \text{K}^{-1}$。

三、实验装置

本实验装置由连续填料精馏塔和精馏塔控制仪两部分组成,实验装置流程示意图如图 2.4.1 所示。

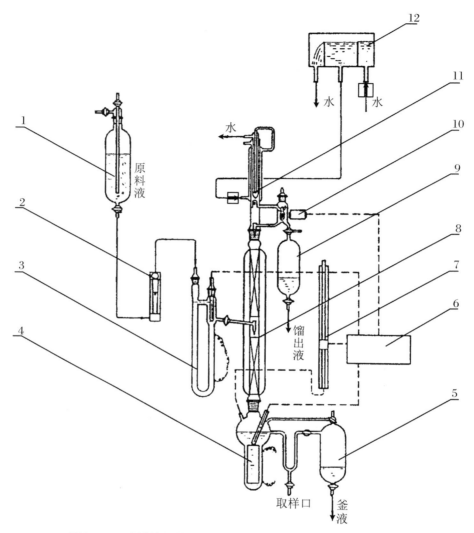

图 2.4.1　连续填料精馏塔分离能力的测定实验装置流程示意图
1. 原料液高位瓶；　2. 转子流量计；　3. 原料液预热器；　4. 蒸馏釜；　5. 釜液接收器；　6. 控制仪；
7. 单管压力计；　8. 填料分馏塔；　9. 馏出液接收器；　10. 回流比控制器；　11. 分馏头；　12. 冷却
水高位槽

　　连续填料精馏塔由分馏塔、分馏头、再沸器（蒸馏釜）、原料液预热器和进出料装置五部分组成。精馏塔直径为 25 mm，精馏段填充高度为 200 mm，提馏段填充高度为 150 mm。分馏头由冷凝器和电磁回流比控制器组成。再沸器用透明电阻膜加热，容积为 500 mL。原料液预热器采用 U 形玻璃管并安装具有透明电阻膜的加热器。实验液进料和釜液出料采用平衡稳压装置。

　　精馏塔控制仪由四部分组成。光电釜压控制器用调节釜压的方法，调节再沸器的加热强度，用以控制蒸发量和蒸气速度。回流比控制器用来调节控制回流比。温度数字显示仪通过选择开关，测量各点温度（包括塔、蒸气、入塔料液、回流液和釜残液的温度）。预热器温度调节器调节进料温度。

塔顶冷凝器用水冷却,可适当调节冷却水流量来控制回流液的温度,回流液流量由分馏头附设的计量管测量。

四、实验步骤

本实验可采用体积比 1∶1 的正庚烷和甲基环己烷混合液作为实验液,或体积比 1∶3 的乙醇和正丙醇混合液作为实验液,或体积比 1∶4 的乙醇和水混合液作为实验液。以下以乙醇-水体系为例。通过测折光率,分析样品组成。

1. 全回流操作

将 500 mL 配制好的乙醇-水溶液,加入再沸器。接通加热和保温电源,控制电压使釜内蒸发速度与保温效果适中,保持塔顶冷凝器的冷却水循环。稳定 40 min 后,从塔顶与塔釜各取数滴样品待测。

2. 部分回流操作

(1) 将 1000 mL 配制好的实验液,分别加入再沸器和稳压料液瓶。再沸器中加入量约为 500 mL。

(2) 向冷凝器通入少量冷却水,然后打开控制仪的总电源开关。逐步加大再沸器的加热电压,使再沸器内料液缓慢加热至沸。

(3) 料液沸腾后,先预液泛一次,以保证填料完全被润湿,并记下液泛时的釜压,作为选择操作条件的依据。

(4) 预液泛后,将加热电压调回至零。待填料层内料液全部流回再沸器后,才能重新开始实验。

(5) 将光电管定位在液泛釜压的 60%~80% 处,在全回流下,待操作稳定约 40 min 后,从塔顶和塔底采样分析。

(6) 在回流比 $R=1\sim50$ 范围内,选择 4~5 个回流比值,在不同回流比下进行实验测定。回流比的调节:先打开回流比控制器的开关,然后旋动两个时间继电器的旋钮,通过两者的延时比例(即回流和流出时间比)来调节控制回流比。打开进料阀,将进料流量调至 $0.350\ \mathrm{L\cdot h^{-1}}$ 左右。同时适当调节预热器加热电压。在控制釜压不变的情况下,待操作状态稳定后,采样分析。每次采样完毕,立即测定馏出液流量。

(7) 在选定的回流比下,在液泛釜压以下选取 4~5 个数据点,按序将光电管定位在预定的压强上,分别测取不同蒸气速度下的实验数据。实验操作方法与步骤(6)类同。

五、实验注意事项

(1) 在采集分析试样前,一定要有足够的稳定时间。只有当观察到各点温度和压差恒定后,才能取样分析,并以分析数据恒定为准。

(2) 回流液的温度一定要控制恒定,且尽量接近塔顶温度。关键在于冷却水的流量要控制适当,并维持恒定。同时进料的流量和温度也要随时注意保持恒定。进料温度应尽量接近泡点温度,且以略低于泡点温度 3~7 ℃为宜。

（3）预液泛不要过于猛烈,以免影响填料层的填充密度,切忌将填料冲出塔体。

（4）再沸器和预热器液位始终要保持在电阻膜加热器以上,以防设备烧裂。

（5）实验完毕后,应先关掉加热电源,待物料冷却后,再停冷却水。

六、实验结果与分析

（1）测量并记录实验基本参数。

① 设备基本参数如下：

填料柱的内径	$d = 22$ mm
精馏段填料层高度	$h_R = 200$ mm
提馏段填料层高度	$h_s = 150$ mm

填料形式及填充方式　　Φ3 mm×3 mm×0.25 mm,不锈钢 Q 形多孔压延填料（乱堆）

填料尺寸：

填料比表面积	$a = 2060$ m^2 · m^{-3}
填料空隙率	$\varepsilon = 0.915$
填料堆积密度	$\rho_b = 578$ kg · mol^{-1}
填料个数	$n = 191×10^7$ 个 · m^{-3}

② 实验液及其物性数据如下：

实验物系　　　　　　　A —　　　　　　　B —

实验液组成

实验液的泡点温度

各纯组分的摩尔质量	$M_A =$	$M_B =$	
各纯组分的沸点	$T_A =$	$T_B =$	
各纯组分的折光率	$D_A =$	$D_B =$	

混合液组成与折光率的关系数据

（配标准溶液,测折光率,绘工作曲线,测样品折光率,求样品组成）

（2）实验数据记录参考表 2.4.1。

表 2.4.1　实验数据记录

实验内容	
釜内压强 P(mmH$_2$O)	
填料层压降 ΔP(mmH$_2$O)	
回流比 R	
进料比 R'	
冷却水流量 V_s(L · h^{-1})	
进料液流量 L_f(L · h^{-1})	

续表

实验内容	
馏出液流量 L_d(mL·min^{-1})	
回流液流量 L_l(mL·min^{-1})	
塔顶蒸气温度 T_v(℃)	
馏出液温度 T_d(℃)	
进料液温度 T_f(℃)	
釜残液温度 T_w(℃)	
馏出液折光率 $D_d^{25℃}$	
馏出液组成 x_d(摩尔分数)	
釜残液折光率 $D_w^{25℃}$	
釜残液组成 x_w(摩尔分数)	
塔顶相对挥发度 α_d	
塔底相对挥发度 α_w	
平均相对挥发度 α	
备注	

（3）实验数据整理参考表 2.4.2。

表 2.4.2　实验数据整理

实验内容	
回流比 R	
馏出液流量 F_d(m^3·s^{-1})	
蒸气空塔速度 u_0(m·s^{-1})	
填料层压降 ΔP(mmH$_2$O)	
精馏段理论塔板数 $N_{T,R}$(块)	
提馏段理论塔板数 $N_{T,S}$(块)	
全塔理论塔板数 N(块)	
等板高度 h_e(m)	
利用系数 K	

（4）在一定蒸气速度下,回流比分别对理论塔板数、等板高度、利用系数和压降标绘实验曲线。

（5）在一定回流比下,蒸气速度(或馏出液流量)分别对理论塔板数、等板高度、利用系数和压降标绘实验曲线。

七、思考题

(1) 精馏操作为什么需要回流？回流比的大小对塔顶产品的组成和流量有何影响？如何控制回流比？

(2) 利用折光率求溶液浓度时,样品的测量温度对结果有什么影响？

(3) 如何判断一个精馏操作是否正确和稳定？

实验五　填料塔流体力学性能和吸收传质系数的测定

一、实验目的

(1) 通过本实验了解填料塔结构、基本流程和操作特性,熟悉气液两相在填料层中的流动过程,加深对传质原理的理解。

(2) 测定填料塔压降和空塔气速之间的关系,观察液体在填料表面的流动和液泛现象,了解填料塔的流体力学性能,掌握压降、液泛气速、持液量、喷淋密度等传质基本概念。

(3) 本实验采用水–二氧化碳体系,要求通过实验测定吸收传质系数、传质单元高度、吸收率等物理量,并掌握气液相中有关组分的分析方法。

(4) 通过实验确立吸收传质系数与操作条件的关系,了解单膜控制过程特点。

二、实验原理

1. 填料塔流体力学性能

填料塔是一种应用十分广泛的气液传质设备。其塔体为一圆筒,筒内堆放一定高度的填料。填料塔吸收操作时,气体自下而上从填料间隙穿过,与自上而下喷淋下来的液体在填料表面进行相际传质。扫描二维码 2.5.1,了解填料吸收塔结构。

二维码 2.5.1　填料吸收塔结构

　　填料塔的流体力学性能主要包括气体通过填料层时的压降、液泛气速（液泛时空塔气速）、持液量（单位体积填料所持有的液体体积量）、喷淋密度（单位时间单位空塔截面积上喷淋液体体积）等。当气体自下而上，液体自上而下流经一定高度的填料层时，将气体通过此填料层时的压降 Δp 和空塔气速 u 之间的关系在对数坐标纸上作图，并以液体的喷淋密度 L 为参数，可得如图 2.5.1 所示的曲线。

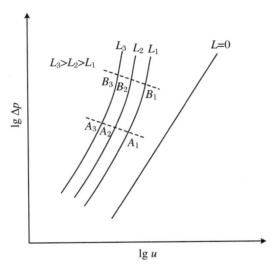

图 2.5.1　填料层压降与空塔气速的关系

　　当喷淋密度 $L=0$ 时，气体流经填料层的压降主要用来克服流经填料层时的摩擦阻力。空塔气速 u 增加，气体与填料之间阻力加剧，压降 Δp 随之增加，从图 2.5.1 可见，此时图线为一条直线。此直线的斜率为 1.8～2.0，即压降与空塔气速的 1.8～2.0 次方成正比。

　　当喷淋密度 $L \neq 0$，即当填料上有液体喷淋时，填料上的部分间隙被液体占据，气体的流通截面减少，气体的实际速度比 $L=0$ 时高，因而压降增加。在同样的空塔气速下，随液体喷淋密度增加，填料层所持有的液量增加，气体流通截面减少，气体通过填料层的压降增加，如图 2.5.1 中 L_1，L_2，L_3 所示。从图 2.5.1 可见，随 L 增加，$\lg \Delta p\text{-}\lg u$ 曲线左移。

　　在一定的喷淋密度下，如 $L=L_1$ 时，在较低空塔气速下（如小于点 A_1 时对应的空塔气速），液体沿填料表面流动很少受逆向气流的影响，填料层内的持液量基本保持不变，$\lg \Delta p$ 和 $\lg u$ 之间的关系与 $L=0$ 时平行。但空塔气速从点 A_1 开始，液体的向下流动受逆向气流的影响逐渐明显，持液量随空塔气速增加而增加，气流流通截面随之减少。故从点 A_1 开始，压降随空塔气速的增加有较大上升，$\lg \Delta p\text{-}\lg u$ 曲线斜率逐渐加大。点 A_1 及其他喷淋密度 L_2，L_3 相应的点 A_2，A_3 称为截点，代表填料塔操作中的一个转折点。截点以后，填料层内液体分布和填料表面湿润程度大为改善，并随空塔气速增大，两相湍流程度增大，有利于提高吸收传质速率。但空塔气速从点 B_1 开始，气体通过填料层的压降迅速上升，且有强烈动荡，表示塔内已发生液泛。点 B_1 及其他喷淋密度 L_2，L_3 下相应的点 B_2，B_3 称为液泛点。液泛气速是操作气速的上限。液泛时，上升气流经填料层的压降已增加到使下流液体受到阻塞，不能按原有的喷淋密度流下而聚集在填料层上。这时我们可以看到在填料层顶部出现一层呈连续相的液体,使气体变成分散相在液体里面鼓泡。液泛现象一旦发生,若空塔气速再增加,鼓泡层迅速增加,进而漫延到全塔。用目测来判断液泛点,容易产生偏差,可用压降-空塔气速对数曲线上的液泛点 B_1,B_2,B_3 来定义,称为图示液泛点。

选定实际空塔气速,不仅要力求提高吸收传质速率,而且要使填料塔能够维持稳定操作,同时还要考虑到随空塔气速增大,压降也随之增大,使操作费用增大。实际空塔气速应在截点气速和液泛气速之间选择,一般为液泛气速的 50%～80%。因此,掌握填料塔液泛规律,对填料塔的操作和设计是必不可少的。

2. 填料塔吸收传质系数测定

(1)分吸收传质速率方程。根据双膜模型及单相传质速率方程可以写出溶质穿过气膜和液膜时的吸收传质速率方程式,即

$$G_A = k_G A(p_A - p_{A,i}) \tag{2.5.1}$$

$$G_A = k_L A(c_{A,i} - c_A) \tag{2.5.2}$$

式中,G_A 为吸收传质速率,mol·s^{-1};A 为两相接触面积,m^2;p_A 为气侧主体中溶质 A 分压,Pa;$p_{A,i}$ 为界面处溶质 A 分压,Pa;$c_{A,i}$ 为界面处溶质 A 浓度,mol·m^{-3};c_A 为液侧主体中溶质 A 浓度,mol·m^{-3};k_G 为气膜吸收传质分系数,mol·m^{-2}·s^{-1}·Pa^{-1};k_L 为液膜吸收传质分系数,m·s^{-1}。

(2)总吸收传质速率方程。上述传质速率方程式相界面上分压 $p_{A,i}$ 或浓度 $c_{A,i}$ 是难以测得的,但两相主体中的分压和浓度易于测得。为计算方便,可将总体分压差或总体浓度差作为吸收过程中总传质推动力来表示吸收传质速率,则吸收传质速率方程式可写成

$$G_A = K_G A(p_A - p_A^*) \tag{2.5.3}$$

$$G_A = K_L A(c_A^* - c_A) \tag{2.5.4}$$

式中,p_A^* 为与液相浓度 c_A 平衡的气相分压,Pa;c_A^* 为与气相分压 p_A 平衡的液相浓度,mol·m^{-3};K_G 为气相吸收传质系数,mol·m^{-2}·s^{-1}·Pa^{-1};K_L 为液相吸收传质系数,m·s^{-1};A 为两相接触面积,m^2。

(3)吸收传质总系数与吸收传质分系数关系。若气液相平衡关系遵循亨利(Henry)定律:

$$c_A = p_A^* \cdot H \tag{2.5.5}$$

$$c_{A,i} = p_{A,i} \cdot H \tag{2.5.6}$$

式中,H 为溶解度常数,kmol·m^{-3}·Pa^{-1}。

则吸收传质总系数与吸收传质分系数关系为

$$\frac{1}{K_G} = \frac{1}{k_G} + \frac{1}{k_L H} \tag{2.5.7}$$

$$\frac{1}{K_L} = \frac{H}{k_G} + \frac{1}{k_L} \tag{2.5.8}$$

亨利定律的另一种表达式为

$$p_A^* = Ex \tag{2.5.9}$$

式中,x 为液相中溶质的摩尔分数;E 为亨利常数,Pa。

由式(2.5.5)和式(2.5.9)得溶解度常数 H 与亨利常数 E 的关系为

$$H = \frac{c_{总}}{E} \tag{2.5.10}$$

稀溶液时,$c_总$ 经常可以用纯溶剂的浓度代替,即由溶剂的密度和摩尔质量求得。实验中采用的二氧化碳在水中的溶解度系数为

$$H_{CO_2} = \frac{\rho_w}{M_w} \times \frac{1}{E} \tag{2.5.11}$$

式中,ρ_w 为水的密度,$kg \cdot m^{-3}$;M_w 为水的摩尔质量,$g \cdot mol^{-1}$。

当气膜阻力远大于液膜阻力,即当气体易溶,溶解度系数 H 很大(如水吸收 NH_3、HCl等)时,$K_G = k_G$。此时增加吸收剂流量,吸收传质系数变化很小。反之,当液膜阻力远大于气膜阻力,即当气体难溶,溶解度系数 H 很小(如水吸收 CO_2、O_2 等)时,$K_L = k_L$。此时增加吸收剂流量,吸收传质系数大幅度增加。

(4) 吸收塔填料层高度计算。在逆流接触的填料层内,任意截取一微分段,以此为衡算系统,由溶质变化的物料衡算可知被吸收的溶质量 dG_A 等于气体中溶质减少量 $F_B dY_A$,即

$$dG_A = F_B dY_A \tag{2.5.12}$$

式中,F_B 为单位时间内通过吸收塔的惰性气体量,$mol \cdot s^{-1}$;Y_A 为溶质 A 在气相中的摩尔比。

根据传质速率方程,可写出微分段的传质速率微分方程,即

$$dG_A = K_Y(Y_A - Y_A^*) aS dh \tag{2.5.13}$$

式中,Y_A^* 为与液相组成 X_A 平衡的气相组成;a 为气液两相接触的有效比表面积(指被液体覆盖并与气体充分接触的那一部分填料的表面积),$m^2 \cdot m^{-3}$;S 为填料塔的横截面积,m^2;h 为填料层高度,m;K_Y 为以 $Y_A - Y_A^*$ 为总推动力的气相传质系数,$mol \cdot m^{-2} \cdot s^{-1}$。

由式(2.5.12)、式(2.5.13)可得

$$F_B dY_A = K_Y(Y_A - Y_A^*) aS dh \tag{2.5.14}$$

对低浓度气体吸收过程,K_Y 可视为定值,对上式分离变量积分,可得

$$h = \frac{F_B}{K_Y aS} \int_{Y_{A,2}}^{Y_{A,1}} \frac{dY_A}{(Y_A - Y_A^*)} \tag{2.5.15}$$

式中,$Y_{A,1}$,$Y_{A,2}$ 为溶质 A 在塔底、塔顶气相中的摩尔比。

式(2.5.15)是以 $Y_A - Y_A^*$ 为推动力求填料层高度的计算式,同理

$$h = \frac{F_C}{K_X aS} \int_{X_{A,2}}^{X_{A,1}} \frac{dX_A}{(X_A^* - X_A)} \tag{2.5.16}$$

式中,F_C 为单位时间内通过吸收塔的吸收剂量,$mol \cdot s^{-1}$;X_A 为溶质 A 在液相中的摩尔比,下标1,2分别代表塔底、塔顶;X_A^* 为与气相组成 Y_A 平衡的液相组成;K_X 为以 $X_A^* - X_A$ 为总推动力的液相传质系数,$mol \cdot m^{-2} \cdot s^{-1}$。

若以 $c_A^* - c_A$ 为推动力,则

$$h = \frac{F_L}{K_L aS \rho_L} \int_{c_{A,2}}^{c_{A,1}} \frac{dc_A}{c_A^* - c_A} \tag{2.5.17}$$

式中,F_L 为单位时间内通过吸收塔的液相摩尔流量,$\text{mol} \cdot \text{s}^{-1}$;$\rho_L$ 为液相摩尔密度,$\text{mol} \cdot \text{m}^{-3}$;$c_{A,1}$,$c_{A,2}$ 为溶质 A 在塔底、塔顶液相中的浓度,$\text{mol} \cdot \text{m}^{-3}$;$K_L$ 为以 $c_A^* - c_A$ 为总推动力的液相传质系数,$\text{m} \cdot \text{s}^{-1}$。

对于低浓度气体吸收,F_L,ρ_L 可视为定值。

(5)传质单元高度、传质单元数和吸收传质系数。在吸收塔填料层高度计算式中,$\dfrac{F_B}{K_Y aS}$ 称气相传质单元高度,用 H_{OG} 表示;$\dfrac{F_C}{K_X aS}$ 和 $\dfrac{F_L}{K_L aS \rho_L}$ 称液相传质单元高度,用 H_{OL} 表示。$\displaystyle\int_{Y_{A,2}}^{Y_{A,1}} \dfrac{\mathrm{d}Y_A}{(Y_A - Y_A^*)}$ 称气相传质单元数,用 N_{OG} 表示;$\displaystyle\int_{X_{A,2}}^{X_{A,1}} \dfrac{\mathrm{d}X_A}{(X_A^* - X_A)}$ 和 $\displaystyle\int_{c_{A,2}}^{c_{A,1}} \dfrac{\mathrm{d}c_A}{c_A^* - c_A}$ 称液相传质单元数,用 N_{OL} 表示。

$$h = H_{OG} N_{OG} \tag{2.5.18}$$

$$h = H_{OL} N_{OL} \tag{2.5.19}$$

若气液平衡关系为直线,可采用下列对数平均推动力法计算填料层的高度或气相传质单元高度:

$$h = \frac{F_B}{K_Y aS} \frac{Y_{A,1} - Y_{A,2}}{\Delta Y_{A,m}} \tag{2.5.20}$$

$$H_{OG} = \frac{h}{N_{OG}} = \frac{h}{\dfrac{Y_{A,1} - Y_{A,2}}{\Delta Y_{A,m}}} \tag{2.5.21}$$

式中,$\Delta Y_{A,m}$ 为气相平均推动力。

$$\Delta Y_{A,m} = \frac{\Delta Y_{A,1} - \Delta Y_{A,2}}{\ln \dfrac{\Delta Y_{A,1}}{\Delta Y_{A,2}}} = \frac{(Y_{A,1} - Y_{A,1}^*) - (Y_{A,2} - Y_{A,2}^*)}{\ln \dfrac{Y_{A,1} - Y_{A,1}^*}{Y_{A,2} - Y_{A,2}^*}} \tag{2.5.22}$$

由式(2.5.20)可得

$$K_Y a = \frac{F_B(Y_{A,1} - Y_{A,2})}{hS \Delta Y_{A,m}} \tag{2.5.23}$$

如果 F_B,$Y_{A,1}$,$Y_{A,2}$,h,S,$\Delta Y_{A,m}$ 均已知,即可由式(2.5.23)计算 $K_Y a$ 值。

同理

$$h = \frac{F_C}{K_X aS} \cdot \frac{X_{A,1} - X_{A,2}}{\Delta X_{A,m}} \tag{2.5.24}$$

$$H_{OL} = \frac{h}{N_{OL}} = \frac{h}{\dfrac{X_{A,1} - X_{A,2}}{\Delta X_{A,m}}} \tag{2.5.25}$$

式中,$\Delta X_{A,m}$ 为液相平均推动力。

$$\Delta X_{A,m} = \frac{\Delta X_{A,1} - \Delta X_{A,2}}{\ln \dfrac{\Delta X_{A,1}}{\Delta X_{A,2}}} = \frac{(X_{A,1}^* - X_{A,1}) - (X_{A,2}^* - X_{A,2})}{\ln \dfrac{X_{A,1}^* - X_{A,1}}{X_{A,2}^* - X_{A,2}}} \tag{2.5.26}$$

由式(2.5.24)可得

$$K_X a = \frac{F_C(X_{A,1} - X_{A,2})}{hS \Delta X_{A,m}} \tag{2.5.27}$$

如果 F_C，$X_{A,1}$，$X_{A,2}$，h，S，$\Delta X_{A,m}$ 均已知，即可由式(2.5.27)得到 $K_X a$ 值。

如果以 $c_A^* - c_A$ 为推动力，则

$$K_L a = \frac{F_L(c_{A,1} - c_{A,2})}{hS\rho_L \Delta c_{A,m}} \tag{2.5.28}$$

式中，$\Delta c_{A,m}$ 为液相平均推动力。

同样根据实验数据可以得到 $K_L a$ 值。

上述 $K_X a$，$K_Y a$，$K_L a$ 称为"总体积吸收系数"，其单位分别为 $mol \cdot m^{-3} \cdot s^{-1}$，$mol \cdot m^{-3} \cdot s^{-1}$，$s^{-1}$。总体积吸收系数的物理意义是：在单位推动力作用下，单位时间内通过单位体积填料吸收的溶质量(或体积)。把气液两相接触的有效比表面积 a 与吸收系数合并，主要是因为有效比表面积 a 直接测定有很大困难。

(6) 吸收率。吸收率可用下式计算：

$$\eta = \frac{Y_{A,1} - Y_{A,2}}{Y_{A,1}} = 1 - \frac{Y_{A,2}}{Y_{A,1}} \tag{2.5.29}$$

式中，$Y_{A,1}$，$Y_{A,2}$ 为溶质 A 在塔底、塔顶气相中的摩尔比。

填料吸收塔气体进口浓度 $Y_{A,1}$ 是由前一工序决定的，因此要提高吸收率，即降低 $Y_{A,2}$ 值，只能调节吸收剂进口条件，如流量、温度、浓度。吸收剂流量的增加，温度和浓度的降低，有利于吸收率的提高。

解吸是吸收的逆过程，传质方向与吸收相反，其原理和计算方法与吸收相似，只是吸收速率和传质速率方程中的推动力要从吸收时的 $Y_A - Y_A^*$，$X_A^* - X_A$，$c_A^* - c_A$ 改为 $Y_A^* - Y_A$，$X_A - X_A^*$，$c_A - c_A^*$。

三、实验装置

吸收质(纯二氧化碳气体或与空气混合气)由钢瓶经二次减压阀和二氧化碳转子流量计 15 计量后，由塔底进入吸收塔内，气体自下而上经过填料层，与吸收剂纯水逆流接触进行吸收操作，尾气从塔顶放空；吸收剂经解吸液转子流量计 14 计量后由塔顶进入喷洒而下；吸收二氧化碳后的溶液流入塔底吸收液储槽 22 中储存，再由吸收水泵 3 经吸收液转子流量计 7 计量后进入解吸塔进行解吸操作，空气由孔板流量计 6 控制流量进入解吸塔塔底，自下而上经过填料层与液相逆流接触对吸收液进行解吸，解吸后气体自塔顶放空。解吸塔填料层两端的压降由压力传感器测量。U 形管液柱压差计用来测量吸收塔填料层两端的压降。实验装置流程示意图见图 2.5.2，实验仪表面板示意图见图 2.5.3。

实验中 $0.1\ mol \cdot L^{-1}$ 的盐酸用无水 Na_2CO_3 进行标定，$0.1\ mol \cdot L^{-1}$ 的 $Ba(OH)_2$ 溶液用已标定的盐酸进行标定。

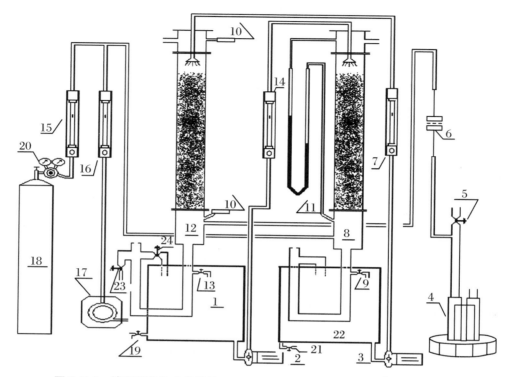

图 2.5.2 填料塔流体力学性能和吸收传质系数的测定实验装置流程示意图

1. 解吸液储槽；2. 解吸水泵；3. 吸收水泵；4. 解吸风机；5. 空气旁路调节阀；6. 孔板流量计；7. 吸收液转子流量计；8. 吸收塔；9. 吸收塔塔底取样阀；10. 压力传感器；11. U形管液柱压差计；12. 解吸塔；13. 解吸塔塔底取样阀；14. 解吸液转子流量计；15. 二氧化碳转子流量计；16. 吸收用空气转子流量计；17. 吸收风机；18. 二氧化碳钢瓶；19,21. 水箱放水阀；20. 减压阀；22. 吸收液储槽；23. 放水阀；24. 回水阀

四、实验步骤

扫描二维码 2.5.2，了解二氧化碳吸收解吸实验步骤。

二维码 2.5.2 二氧化碳吸收解吸实验操作视频

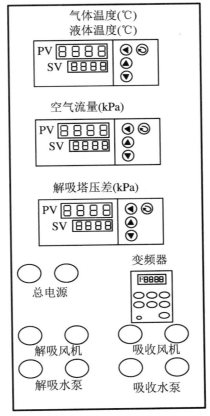

图 2.5.3　仪表面板示意图

1．测量解吸塔干填料层 lg（Δp/Z）-lg u 关系曲线

（1）解吸水箱和吸收水箱注满水。

（2）打开空气旁路调节阀 5 至全开，启动解吸风机。逐渐关小阀门 5 的开度，直至全关。

（3）启动电脑程序，解吸风机开度从 0 开始，以 10 为间距调节进塔的空气流量。空气流量从小到大共测定 10 组数据，记录填料层压降 Δp、孔板流量计压降 Δp^*、解吸风机开度、气体温度和液体温度。

（4）在对实验数据进行分析处理后，以空塔气速的对数 lg u 为横坐标，单位高度的压降的对数 lg（$\Delta p/Z$）为纵坐标，绘干填料层 lg（$\Delta p/Z$）-lg u 关系曲线。

2．测量解吸塔在喷淋条件下填料层 lg（Δp/Z）-lg u 关系曲线

启动解吸水泵 2 和吸收水泵 3，将水流量固定在 $40\ \mathrm{L\cdot h^{-1}}$（水流量大小可因设备调整），采用上面相同步骤调节空气流量，稳定后分别读取并记录填料层压降 Δp、孔板流量计压降 Δp^*、解吸风机开度、气体温度和液体温度。操作中随时注意观察塔内现象，一旦出现液泛，立即记下对应的解吸风机开度。根据实验数据绘出液体喷淋量为 $40\ \mathrm{L\cdot h^{-1}}$ 时的 lg（$\Delta p/Z$）-lg u 关系曲线，并在图上确定液泛气速，与观察到液泛时的气速相比较是否吻合。

3．二氧化碳吸收传质系数测定

（1）在液泛时的解吸风机功率条件下，控制吸收塔与解吸塔的水流量为 $40\ \mathrm{L\cdot h^{-1}}$。

（2）打开二氧化碳钢瓶顶上的针阀和减压阀 20,向吸收塔内通入二氧化碳气体(二氧化碳转子流量计 15 的阀门要全开),通过调节减压阀控制流量在 $0.1 \text{ m}^3 \cdot \text{h}^{-1}$ 左右。

（3）启动吸收风机 17,通过吸收用空气转子流量计 16 调节流量为 $0.25 \text{ m}^3 \cdot \text{h}^{-1}$,开始吸收塔和解吸塔中液体的吸收与解吸过程。

（4）进行 15 min,操作达到稳定状态之后,记录液体温度和气体温度,同时在吸收塔底和解吸塔底取样,测定溶液中二氧化碳的含量。(实验时注意吸收塔水流量计和解吸塔水流量计数值要一致,并注意两个水箱中的液位,两个流量计要及时调节,以保证实验时操作条件不变。)

（5）二氧化碳含量测定。同时从吸收塔和解吸塔塔底附近的取样口处接收大于 20 mL 的塔底溶液,用移液管各移取 20 mL 至锥形瓶,用另一移液管分别吸取 10 mL $0.1 \text{ mol} \cdot \text{L}^{-1}$ 的 $Ba(OH)_2$ 溶液,加入盛吸收塔样品和解吸塔样品的锥形瓶中,用磨口塞塞好振荡。溶液中加入 2~3 滴酚酞指示剂摇匀,用 $0.1 \text{ mol} \cdot \text{L}^{-1}$ 的盐酸滴定到粉红色消失即为终点。按下式计算得出溶液中二氧化碳浓度:

$$C_{CO_2} = \frac{2C_{Ba(OH)_2} V_{Ba(OH)_2} - C_{HCl} V_{HCl}}{2V_{溶液}} \quad (\text{mol} \cdot \text{L}^{-1}) \tag{2.5.30}$$

根据实验结果计算传质单元高度、传质推动力和传质系数等。

五、实验注意事项

（1）开启 CO_2 总阀门前,要先关闭减压阀,阀门开度不宜过大。

（2）实验中要注意保持吸收塔水流量计和解吸塔水流量计数值一致,并随时关注水箱中的液位,防止水箱水位过高漏水。

（3）测量解吸塔在喷淋条件下填料层 $\lg(\Delta p/Z)$-$\lg u$ 关系曲线时,出现液泛后,解吸风机开度不应增加太大,防止水对填料剧烈冲击。

（4）分析 CO_2 浓度操作时动作要迅速,以免 CO_2 从液体中溢出导致结果不准确。

（5）每次条件改变后,要有足够的稳定时间,让解吸(吸收)塔压差和流量稳定后读数。

六、实验结果与分析

实验测得的数据可参考表 2.5.1 至表 2.5.3 进行记录和整理。

表 2.5.1 解吸塔干填料时 $\lg(\Delta p/Z)$-$\lg u$ 关系测定

$L = 0$ 填料层高度 $Z = 0.75$ m   塔径 $D = 0.080$ m

序号	解吸风机开度（%）	填料层压降 Δp（kPa）	单位高度填料层压降 $\dfrac{\Delta p}{Z}$（kPa·m^{-1}）	孔板流量计压降 Δp^*（kPa）	空塔气速（m·s^{-1}）
1					
2					
...					

表 2.5.2　解吸塔湿填料时 lg ($\Delta p/Z$)-lg u 关系测定

$L = 40$ L·h^{-1}　　填料层高度 $Z = 0.75$ m　　塔径 $D = 0.080$ m

序号	解吸风机开度 (%)	填料层 压降 Δp (kPa)	单位高度填料层压降 $\dfrac{\Delta p}{Z}$(kPa·m^{-1})	孔板流量计 压降 Δp^* (kPa)	空塔气速 (m·s^{-1})	操作现象
1						
2						
...						

表 2.5.3　填料吸收塔传质实验技术数据表

被吸收的气体:纯 CO_2　　　吸收剂:水　　　塔内径:80 mm

塔类型	吸收塔
填料种类	
填料尺寸(mm)	
填料层高度(m)	
吸收用空气转子流量计读数(m^3·h^{-1})	
二氧化碳转子流量计处 CO_2 的体积流量(m^3·h^{-1})	
吸收液转子流量计读数(L·h^{-1})	
中和 CO_2 用 Ba(OH)$_2$ 的浓度(mol·L^{-1})	
中和 CO_2 用 Ba(OH)$_2$ 的体积(mL)	
滴定用盐酸的浓度(mol·L^{-1})	
滴定塔底吸收液用盐酸的体积(mL)	
滴定塔底解吸液用盐酸的体积(mL)	
吸收样品的体积(mL)	
解吸样品的体积(mL)	
塔底液相的温度(℃)	
气体温度(℃)	
亨利常数 E(10^8 Pa)	
吸收塔底液相浓度 $c_{A,1}$(mol·L^{-1})	
解吸塔底液相浓度 $c_{A,2}$(mol·L^{-1})	
液相传质单元高度 H_{OL}(m)	

续表

被吸收的气体:纯 CO_2　　吸收剂:水　　塔内径:80 mm	
塔类型	吸收塔
平衡浓度 c_A^* (10^{-2} mol·L^{-1})	
平均推动力 $\Delta c_{A,m}$ (mol·L^{-1})	
液相总体积吸收系数 $K_L a$ (s^{-1})	

七、思考题

(1) 填料吸收塔气液两相流动特性是什么?

(2) 说明填料的作用及其特征。

(3) 吸收剂的作用是什么?若溶液中溶质浓度大于其在气液两相中的平衡浓度,对吸收操作有何影响?

附　二氧化碳在水中的亨利常数

二氧化碳在水中的亨利常数如表 2.5.4 所示。

表 2.5.4　二氧化碳在水中的亨利常数 $E \times 10^{-5}$ (kPa)

气体	温度(℃)											
	0	5	10	15	20	25	30	35	40	45	50	60
CO_2	0.738	0.888	1.05	1.24	1.44	1.66	1.88	2.12	2.36	2.60	2.87	3.46

实验六　传热综合实验

一、实验目的

(1) 掌握传热膜系数 α_i 的测定方法,加深对其概念和影响因素的理解。

(2) 应用线性回归分析方法确定关联式 $Nu_0 = ARe^m Pr^{0.4}$ 中常数 A, m 的值。

(3) 通过测定准数关联式 $Nu = BRe^m$ 中常数 B, m 的值和强化比 $Nu/(Nu_0)$,了解强化传热的基本理论和基本方式。

二、实验原理

（1）本实验采用水平装置的简单套管换热器和强化内管的套管换热器，以空气和水蒸气为介质进行对流换热。通过实验测定空气与饱和水蒸气之间进行间壁热交换过程的总传热系数、空气在圆管内做强制湍流流动时的传热膜系数，并确立传热膜系数与众多影响因素之间的关联式。

传热速率方程式为

$$Q = K_i S_i \Delta t_m \tag{2.6.1}$$

$$K_i = \frac{Q}{S_i \Delta t_m} \tag{2.6.2}$$

式中，Q 为传热速率，W；S_i 为传热管的内、外表面积平均值，m^2；Δt_m 为对数平均温度差，℃；K_i 为基于管内面积的总传热系数，$W \cdot m^{-2} \cdot ℃^{-1}$。

热量衡算式为

$$Q = W C_p (t_2 - t_1) \tag{2.6.3}$$

式中，W 为冷流体即空气的质量流量，$kg \cdot s^{-1}$；C_p 为冷流体的定压比热容，$kJ \cdot kg^{-1} \cdot ℃^{-1}$；$t_1$，$t_2$ 为冷流体进、出口温度，℃。

$$S_i = \pi d_i L \tag{2.6.4}$$

式中，d_i 为传热管的内径，m；L 为传热管有效长度，m。Δt_m 为换热器两端温度差的对数平均值，称为对数平均温度差。

$$\Delta t_m = \frac{\Delta t_1 - \Delta t_2}{\ln\left(\frac{\Delta t_1}{\Delta t_2}\right)} = \frac{(T - t_1) - (T - t_2)}{\ln\left[\frac{(T - t_1)}{(T - t_2)}\right]} \tag{2.6.5}$$

式中，T 为蒸汽壁面温度，℃。

当 $\Delta t_1 / \Delta t_2 \leqslant 2$ 时，用算术平均温度差（$\Delta t_m = (\Delta t_1 + \Delta t_2)/2$）代替对数平均温差，误差不超过 4%。

根据总传热系数计算式，求管内传热膜系数 α_i：

$$\frac{1}{K} = \frac{1}{\alpha_i} + \frac{b}{\lambda} + \frac{1}{\alpha_o} \tag{2.6.6}$$

式中，α_i 为管内传热膜系数，$W \cdot m^{-2} \cdot ℃^{-1}$；$\alpha_o$ 为管外传热膜系数，$W \cdot m^{-2} \cdot ℃^{-1}$；$b$ 为管壁厚度，m；λ 为管材导热系数，$W \cdot m^{-1} \cdot ℃^{-1}$。

由于空气与水蒸气冷凝的传热过程中，热阻主要集中在管内空气一侧，而管外冷凝和管壁热阻远比空气侧热阻小，即 $\frac{1}{\alpha_i} \gg \frac{b}{\lambda} + \frac{1}{\alpha_o}$，所以近似取

$$\alpha_i \approx K \tag{2.6.7}$$

三个准数为

$$Pr = \frac{C_p \mu}{\lambda} \tag{2.6.8}$$

$$Nu = \frac{\alpha_i d_i}{\lambda} \qquad (2.6.9)$$

$$Re = \frac{d_i u \rho}{\mu} \qquad (2.6.10)$$

准数关联式为

$$Nu = ARe^m Pr^n \qquad (2.6.11(a))$$

由于本实验测定的对象是空气在圆形直管内强制湍流的条件下被加热,则 n 可取为 0.4,式(2.6.11(a))可写成

$$\frac{Nu}{Pr^{0.4}} = ARe^m \qquad (2.6.11(b))$$

$\frac{Nu}{Pr^{0.4}}$-Re 关系曲线在对数坐标上绘制应为一条直线,此直线的斜率为 m,求出 m 值后,取任一组测定数据求得的 $\frac{Nu}{Pr^{0.4}}$ 与对应的 Re 值,由式(2.6.11(b))计算出常数 A,这样即可求出准数关联式中的所有常数,从而得到冷流体在圆形直管内被加热的准数关联式。

(2) 本实验装置的强化传热是采用在换热器内管插入螺旋线圈的方法。螺旋线圈的结构如图 2.6.1 所示,螺旋线圈由直径 1 mm 的钢丝按一定节距绕成,将金属螺旋线圈插入并固定在管内,即可构成一种强化传热管。在近壁区域,流体一方面由于螺旋线圈的作用而发生旋转,另一方面还周期性地受到线圈螺旋金属丝的扰动,从而使传热效果强化。因为绕制线圈的金属丝直径很细,流体旋流强度也较弱,所以阻力较小,有利于节省能源。螺旋线圈是以线圈节距 H 与管内径 d_i 的比值为技术参数的,称为长径比。长径比是影响传热效果和阻力系数的重要因素。科学家通过实验研究总结了形式为 $Nu = BRe^m$ 的经验公式,其中 B 和 m 的数值因螺旋金属丝尺寸不同而不同。

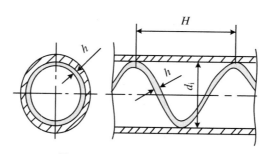

图 2.6.1 螺旋线圈内部结构

单纯研究强化手段的强化效果(不考虑阻力的影响),可以用强化比的概念作为评判标准,它的形式是 $\frac{Nu}{Nu_0}$,其中 Nu 是强化管的努塞尔准数,Nu_0 是普通管的努塞尔准数,显然,强化比 $\frac{Nu}{Nu_0} > 1$,而且比值越大,强化效果越好。

三、实验装置

1. 实验设备流程图

传热综合实验装置的流程示意图如图 2.6.2 所示。全套设备由风机输送空气作为冷流体，蒸汽发生器产生的饱和水蒸气为热流体，换热器分光滑套管换热器和强化套管换热器两类。

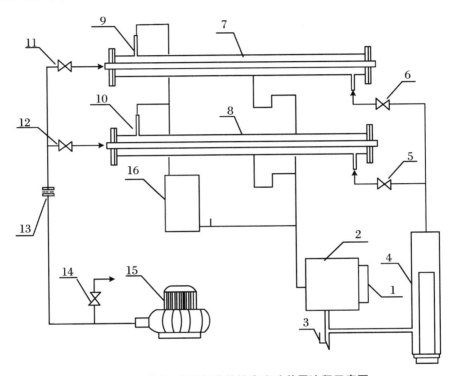

图 2.6.2　空气-水蒸气传热综合实验装置流程示意图

1. 液位计；　2. 储水罐；　3. 排水阀；　4. 蒸汽发生器；　5. 强化套管蒸汽进口阀；　6. 光滑套管蒸汽进口阀；　7. 光滑套管换热器；　8. 内插有螺旋线圈的强化套管换热器；　9. 光滑套管蒸汽出口；　10. 强化套管蒸汽出口；　11. 光滑套管空气进口阀；　12. 强化套管空气进口阀；　13. 孔板流量计；　14. 空气旁路调节阀；　15. 旋涡气泵；　16. 蒸汽冷凝器

2. 实验设备主要技术参数

（1）传热管参数见表 2.6.1。

表 2.6.1　实验装置结构参数

实验内管内径 d_i（mm）	20.0
实验内管外径 d_o（mm）	22.0
实验外管内径 D_i（mm）	50.0
实验外管外径 D_o（mm）	57.0
测量段（紫铜内管）长度 l（m）	1.20

续表

强化内管内插物 (螺旋线圈)尺寸	丝径 h(mm)	1.0
	节距 H(mm)	40.0
加热釜	操作电压(V)	$\leqslant 200$
	操作电流(A)	$\leqslant 10$

（2）空气流量计参数。由孔板、压力传感器及数字显示仪表组成空气流量计。空气流量由式(2.6.12)计算。

$$V_{t1} = c_0 \times A_0 \times \sqrt{\frac{2 \times \Delta P}{\rho_{t1}}} \qquad (2.6.12)$$

式中，c_0 为孔板流量计孔流系数，$c_0 = 0.65$；A_0 为孔面积，$A_0 = \frac{\pi}{4} d_0^2$，$m^2$；$d_0$ 为孔板孔径，$d_0 = 0.014$ m；ΔP 为孔板两端压差，Pa；ρ_{t1} 为空气入口温度（即流量计处温度）下密度，$kg \cdot m^{-3}$。

实验条件下的空气流量 V_m($m^3 \cdot h^{-1}$)要按式(2.6.13)换算，即

$$V_m = V_{t1} \times \frac{273 + \overline{t}}{273 + t_1} \qquad (2.6.13)$$

式中，V_m 为实验条件（管内平均温度）下的空气流量，$m^3 \cdot h^{-1}$；$\overline{t}$ 为空气进出口算术平均温度，℃；t_1 为传热内管空气进口（即流量计处）温度，℃。

（3）温度测量。空气入、出传热管测量段的温度均由 Pt100 铂电阻温度计测量，可由数字显示仪表直接读出。传热管外壁面平均温度由铜-康铜热电偶温度计测量并由数字仪表显示。

（4）蒸汽发生器。蒸汽发生器为产生水蒸气的装置，内装 2.50 kW 电热器一支，加热电压控制在 120 V 左右，加热约 15 min，水开始沸腾有蒸汽产生。蒸汽发生器旁边配有方形储水箱，可连续向蒸汽发生器内注水。每次实验前应先检查水箱液位，其液位不低于水箱高度三分之二时方可加热，以免由于缺水使加热器干烧造成事故。蒸汽发生器所产生的蒸汽通过换热器的外壳后排出，经过蒸汽冷凝器冷凝后回到储水箱中循环使用。

（5）气源（鼓风机）。气源为 XGB-12 型旋涡气泵。

四、实验步骤

扫描二维码 2.6.1，了解传热实验步骤。

二维码 2.6.1　传热实验操作视频

1. 实验前的检查准备

(1) 向水箱中加水至液位计上端。

(2) 检查空气旁路调节阀 14 是否全开(应全开)。

(3) 检查蒸汽管支路各控制阀 6(5)和空气支路控制阀 11(12)是否已打开(应保证有一路是开启状态),保证蒸汽和空气管线畅通。

2. 开始实验

(1) 手动实验操作。① 合上电源总开关。设定加热电压为 150 V(不得大于 200 V)后打开加热开关,在整个实验过程中传热管壁面温度始终高于 100 ℃,水蒸气经蒸汽冷凝器冷凝后回到水箱。(加热电压的设定:按一下加热电压控制仪表的 ◀ 键,在仪表的 SV 显示窗中右下方出现一闪烁的小点,每按一次 ◀ 键,小点便向左移动一位,在小点所在的位置上可以利用 ▲ 、▼ 键调节相应位置的数值,调好后在不按动仪表上任何按键的情况下 30 s 后仪表自动确认,并按所设定的数值应用。仪表面板示意图如图 2.6.3 所示。)

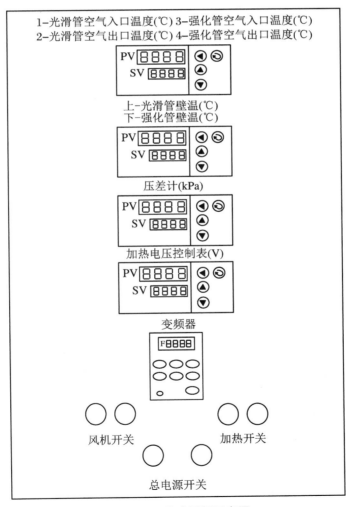

图 2.6.3　仪表面板示意图

　　② 关闭强化套管空气进口阀 12。

　　③ 启动风机并用空气旁路调节阀 14 来调节空气的流量(或者用流量表 SV 值设置流量),在一定的流量下稳定 7~8 min,分别测量空气的流量,空气进、出口的温度和壁面温度。

　　④ 改变流量,重复③步骤分别测取 5~6 组数据。

　　⑤ 打开强化套管空气进口阀 12,关闭光滑套管空气进口阀 11。

　　⑥ 重复③、④步骤,继续实验,分别测取 5~6 组数据。

　　⑦ 实验结束后,依次关闭加热、风机和总电源。一切复原。

　　(2) 应用计算机操作。① 启动计算机,实验设备通电,关闭空气旁路调节阀。

　　② 打开计算机进入应用程序,在实验操作界面中点击"加热电压开关"上的绿色按键,在加热电压的红色数字上点击,在弹出的对话框中输入相应加热电压值后,点击"确定"并开始加热。

　　③ 待水蒸气温度达到 100 ℃后,在实验操作界面中点击"风机开关"绿色按键,启动风机。

　　④ 在实验操作界面中选择实验所使用的换热器。

　　⑤ 在流量调节窗中输入一定的数值后,按下"流量调节"键,程序会按所输入的数值相应地调节变频器的频率,以达到改变空气流量的目的,待流量稳定 7~8 min 后,点击"数据采集"即可完成一次数据的记录,在操作界面的上方会显示出这次所采集的数据,在操作界面的右下方出现相应的数据采集点。再次在流量调节窗中输入数值用以改变流量,待流量稳定后继续采集。

　　⑥ 切换另一个换热器,实验步骤同上,进行数据采集。

　　⑦ 待数据采集结束后,将两次实验结果合并,进行整理。点击操作界面左上方的"文件",选择"结束实验",对实验数据进行保存或打印。

　　⑧ 结束实验,可利用计算机程序关闭风机和停止加热,最后结束程序,一切复原。

五、实验注意事项

　　(1) 实验前一定要检查水箱液位及时补水,防止干烧引发事故。

　　(2) 加热前一定要检查阀门 5 或阀门 6,让其处于常开的位置。开始加热时,加热电压控制在 150 V 左右。

　　(3) 加热约 10 min 后,可提前启动鼓风机,保证实验开始时空气入口温度 t_1(℃)比较稳定,这样可节省实验时间。

　　(4) 注意电源线的相线、零线、地线连接要正确。

六、实验结果与分析

　　(1) 可参考表 2.6.2 和表 2.6.3 记录与整理数据。

表 2.6.2 数据记录与整理(普通管换热器)

序 号	1	2	3	4	5	6
流量计压差 $\Delta P(\text{kPa})$						
空气进口温度 $t_1(\text{℃})$						
空气出口温度 $t_2(\text{℃})$						
蒸汽壁温 $T(\text{℃})$						
孔板处空气密度 $\rho_{t1}(\text{kg} \cdot \text{m}^{-3})$						
空气进出口算术平均温度 $\bar{t}(\text{℃})$						
空气密度 $\rho(\text{kg} \cdot \text{m}^{-3})$						
导热系数 $\lambda \times 100(\text{W} \cdot \text{m}^{-1} \cdot \text{K}^{-1})$						
定压比热容 $C_p(\text{J} \cdot \text{kg}^{-1} \cdot \text{K}^{-1})$						
黏度 $\mu \times 10000(\text{Pa} \cdot \text{s})$						
空气进出口温差 $t_2 - t_1(\text{℃})$						
平均温度差 $\Delta t_{\text{m}}(\text{℃})$						
流量计处体积流量 $V_{t1}(\text{m}^3 \cdot \text{h}^{-1})$						
管内平均体积流量 $V_{\text{m}}(\text{m}^3 \cdot \text{h}^{-1})$						
管内平均质量流量 $W(\text{kg} \cdot \text{s}^{-1})$						
管内平均流速 $u_{\text{m}}(\text{m} \cdot \text{s}^{-1})$						
传热速率 $Q(\text{W})$						
$\alpha_i(\text{W} \cdot \text{m}^{-2} \cdot \text{℃}^{-1})$						
Re						
Nu_0						
$Nu_0/Pr^{0.4}$						

表 2.6.3 数据记录与整理(强化管换热器)

序 号	1	2	3	4	5	6
流量计压差 $\Delta P(\text{kPa})$						
空气进口温度 $t_1(\text{℃})$						
空气出口温度 $t_2(\text{℃})$						
蒸汽壁温 $T(\text{℃})$						
孔板处空气密度 $\rho_{t1}(\text{kg} \cdot \text{m}^{-3})$						
空气进出口算术平均温度 $\bar{t}(\text{℃})$						
空气密度 $\rho(\text{kg} \cdot \text{m}^{-3})$						

续表

序 号	1	2	3	4	5	6
导热系数 $\lambda \times 100 (\text{W} \cdot \text{m}^{-1} \cdot \text{K}^{-1})$						
定压比热容 $C_p (\text{J} \cdot \text{kg}^{-1} \cdot \text{K}^{-1})$						
黏度 $\mu \times 10000 (\text{Pa} \cdot \text{s})$						
空气进出口温差 $t_2 - t_1 (℃)$						
平均温度差 $\Delta t_m (℃)$						
流量计处体积流量 $V_{t1} (\text{m}^3 \cdot \text{h}^{-1})$						
管内平均体积流量 $V_m (\text{m}^3 \cdot \text{h}^{-1})$						
管内平均质量流量 $W (\text{kg} \cdot \text{s}^{-1})$						
管内平均流速 $u_m (\text{m} \cdot \text{s}^{-1})$						
传热速率 $Q (\text{W})$						
$\alpha_i (\text{W} \cdot \text{m}^{-2} \cdot ℃^{-1})$						
Re						
Nu_0						
$Nu_0 / Pr^{0.4}$						

（2）计算各实验空气流量下的传热速率 Q、传热膜系数 α_i 以及三个准数 Nu_0, Pr, Re。

（3）在对数坐标纸上标绘 $\dfrac{Nu}{Pr^{0.4}}$-Re 曲线，并求 $\dfrac{Nu}{Pr^{0.4}} = A Re^m$ 中系数 A 和指数 m 的值，最后得到准数关联式。

（4）计算强化管的努塞尔准数 Nu 及其强化比。

（5）讨论总传热系数 K_i 或传热膜系数 α_i 随空气流量的变化情况。

七、思考题

（1）实验过程中为什么要排出不凝性气体？

（2）对于同一个换热器，若冷、热流体的流量均不变，仅改变操作方式（逆流操作变为并流操作，或并流操作变为逆流操作），总传热系数 K_i 是否会发生变化？

（3）要提高实验数据的准确度，实验操作中需要注意哪些问题？

（4）实验中所测的壁温是靠近蒸汽侧温度，还是靠近空气侧温度？

（5）如果采用不同压力的蒸汽进行实验，对关联式是否有影响？

（6）设蒸汽冷凝管外传热膜系数 $\alpha_0 = 1.4 \times 10^4$ W $\cdot$ m^{-2} $\cdot$ ℃$^{-1}$，任选一组数据计算管内传热膜系数 α_i，求管内、管壁和管外热阻及其所占的百分比。并说明用总传热系数 K_i 代替管内传热膜系数 α_i 是否合适。

实验七　流化床干燥曲线测定实验

一、实验目的

(1) 学习对流流化干燥的原理,熟悉流化床干燥器的结构。

(2) 掌握湿物料连续流化干燥的流程和操作方法以及流态化干燥过程的各种性状,进而加深对干燥过程原理的理解。

(3) 通过流化床特性干燥曲线和干燥速度曲线的测定,求取临界点和临界湿含量。

(4) 了解流化干燥技术的应用范畴。

二、实验原理

固体干燥是利用热能使固体物料与湿分分离的操作。在工业中,固体干燥有多种方法,其中对流干燥方法的应用最为广泛。实现对流干燥的设备形式多种多样,流化床干燥器为其中一种。流化床干燥器又被称为沸腾床干燥器,利用流态化技术干燥湿物料,是化学工业中非常重要的设备。流化床干燥过程中,散装湿物料被置于流化床干燥器中,过滤后的洁净空气加热后由鼓风机送入干燥器底部,经分布板与固体物料接触形成流化态,达到气固的热质交换。物料干燥后由排料口排出,废气由干燥器顶部排出,经旋风分离器回收固体粉料后排空。流化床干燥器是连续式干燥设备,它适用于散粒状物料的干燥除湿,这些物料包括:医药药品中的原料药、压片颗粒药等;化工原料中的塑料树脂、柠檬酸等颗粒状物料等;玉米胚芽、饲料等;矿粉、金属粉等。

对流干燥过程中,同时在气固两相间发生传热和传质过程,其过程机理颇为复杂。因此,目前对干燥过程的研究仍以实验研究为主。干燥过程的基础实验研究主要是测定固体湿物料的干燥曲线、干燥速度曲线及临界点和临界含水量等基础数据。

(一) 干燥曲线

在流化床干燥器中,颗粒状湿物料悬浮在大量的热空气气流中进行干燥。在干燥过程中,湿物料中的水分随着干燥时间增长而不断减少。在恒定空气条件(即空气的温度、湿度和流动速度保持不变)下,实验测定物料中含水量随时间的变化关系,将其标绘成曲线,即为湿物料的干燥曲线。湿物料含水量可以用湿物料的质量为基准(称之为湿基),也可以用绝干物料的质量为基准(称之为干基)来表示。

以湿基表示的湿物料含水量为

$$w = \frac{m_w}{m_c + m_w} \quad (kg(水) \cdot kg^{-1}(湿物料)) \qquad (2.7.1)$$

以干基表示的湿物料含水量为

$$W = \frac{m_w}{m_c} \quad (kg(水) \cdot kg^{-1}(绝干物料))) \tag{2.7.2}$$

式中,m_c 为绝干物料的质量,kg;m_w 为水的质量,kg。

湿物料含水量的两种表示方法存在如下关系:

$$w = \frac{W}{1 + W} \tag{2.7.3}$$

$$W = \frac{w}{1 - w} \tag{2.7.4}$$

在恒定的空气条件下测得干燥曲线如图 2.7.1 所示。显然,空气干燥条件不同,干燥曲线位置也将随之不同。

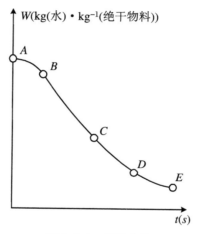

图 2.7.1　干燥曲线

(二) 干燥速度曲线

物料的干燥速度即水分汽化的速度。

若以固体物料与干燥介质的接触面积为基准,则干燥速度可表示为

$$N_A = \frac{-m_c dW}{A dt} \quad (kg \cdot m^{-2} \cdot s^{-1}) \tag{2.7.5}$$

若以绝干物料的质量为基准,则干燥速度可表示为

$$N_A' = \frac{-dW}{dt} \quad (s^{-1} \text{ 或 } kg(水) \cdot kg^{-1}(绝干物料) \cdot s^{-1}) \tag{2.7.6}$$

式中,m_c 为绝干物料的质量,kg;A 为气固相接触面积,m^2;W 为湿物料的含水量,kg(水) $\cdot$ kg^{-1} (绝干物料);t 为气固两相接触时间,也即干燥时间,s。

由此可见,干燥曲线上各点的斜率即为干燥速度。若将各点的干燥速度对固体的含水量标绘成曲线,即为干燥速度曲线,如图 2.7.2 所示。干燥速度曲线也可采用干燥速度对自由含水量进行标绘。在实验曲线的测绘中,干燥速度值也可近似地按下列差分进行计算:

$$N_A' = \frac{-\Delta W}{\Delta t} \quad (s^{-1}) \tag{2.7.7}$$

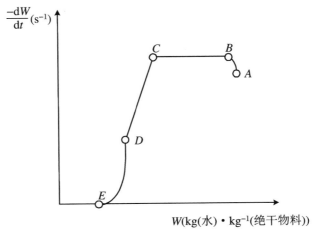

图 2.7.2　干燥速度曲线

（三）临界点和临界含水量

从干燥曲线和干燥速度曲线可知,在恒定干燥条件下,干燥过程可分为如下三个阶段:

1. 物料预热阶段

当湿物料与热空气接触时,热空气向湿物料传递热量,湿物料温度逐渐升高,一直达到热空气的湿球温度。这一阶段称为预热阶段,如图 2.7.1 和图 2.7.2 中的 AB 段。

2. 恒速干燥阶段

由于湿物料表面存在液态的非结合水,热空气传给湿物料的热量,使表面水分在空气湿球温度下不断汽化,并由固相向气相扩散。在此阶段,湿物料的含水量以恒定的速度不断减少。因此,这一阶段称为恒定干燥阶段,如图 2.7.1 和图 2.7.2 中的 BC 段。

3. 降速干燥阶段

当湿物料表面非结合水已不复存在时,固体内部水分由固体内部向表面扩散后汽化,或者汽化表面逐渐内移,因此水分的汽化速度受内扩散速度控制,干燥速度逐渐下降,一直达到平衡含水量而终止。因此这个阶段称为降速干燥阶段,如图 2.7.1 和图 2.7.2 中的 CDE 段。

在一般情况下,第一阶段相对于后两阶段所需时间要短得多,因此一般忽略不计,或归入 BC 段一并考虑。根据固体物料特性和干燥介质的条件,第二阶段与第三阶段所需干燥时间长短不一,甚至有的可能不存在其中某一阶段。

第二阶段与第三阶段干燥速度曲线的交点称为干燥过程的临界点,该交叉点上的含水量称为临界含水量。

干燥速度曲线中临界点的位置,也即临界含水量的大小,受众多因素的影响。它受固体物料的特性、物料的形态和大小、物料的堆积方式、物料与干燥介质的接触状态以及干燥介质的条件(湿度、温度和风速)等因素的复杂影响。例如,同样的颗粒状固体物料在相同的干燥介质条件下,在流化床干燥器中干燥较在固定床中干燥的临界含水量要低。因此,在实验室中模拟工业干燥器,测定干燥过程临界点和临界含水量、干燥曲线和干燥速度曲线,具有十分重要的意义。

三、实验装置

流化干燥实验装置由流化床干燥器、空气预热器、旋涡气泵和空气流量与温度的测量与控制仪表等几个部分组成。该实验的装置示意图如图 2.7.3 所示。

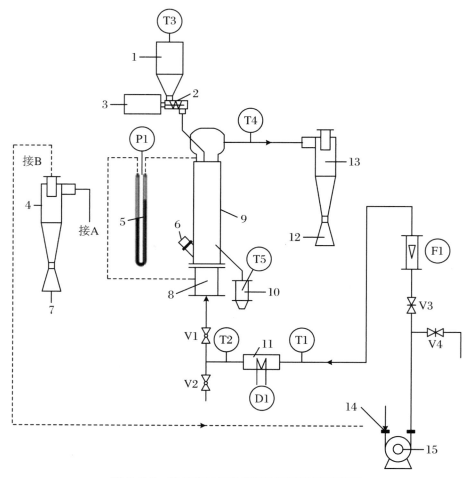

图 2.7.3　流化床干燥曲线测定实验装置示意图

1. 加料槽；　2. 进料器；　3. 加料电动机；　4. 旋风分离器 A；　5. U 形管压差计；　6. 残余物料取出口 A；
7. 接料瓶 A；　8. 取样器；　9. 干燥器；　10. 物料接收槽；　11. 预热器；　12. 接料瓶 B；　13. 旋风分离器 B；　14. 旋涡气泵吸入口 B；　15. 旋涡气泵。
T1. 空气进预热器温度；　T2. 预热器空气出口温度；　T3. 物料入口温度；　T4. 干燥器空气出口温度；
T5. 物料出口温度；　P1. 干燥器压差；　F1. 转子流量计；　D1. 加热器用电量；　V1. 空气切断阀；
V2. 旁路放空阀；　V3. 流量调节阀；　V4. 旁路调节阀

空气由旋涡气泵经转子流量计和空气预热器进入流化床干燥器。热空气由干燥器底部鼓入，进入床层将固体颗粒流化并进行干燥。湿空气由干燥器顶排出，经旋风分离器将细小粉粒分离后放空。

空气的流量由流量调节阀和旁路调节阀联合调节,并由转子流量计计量。热风温度由温度控制仪自动控制,并由数字仪表显示出温度数值。

固体物料由干燥器顶部加入,实验结束后在流化状态下由下部取样器以及物料接收槽取出。

流化床干燥器的床层压降由 U 形管压差计测取。

四、实验步骤

扫描二维码 2.7.1,了解流化床干燥曲线测定实验步骤。

二维码 2.7.1　流化床干燥曲线测定实验操作视频

1. 实验准备

(1) 准备物料。将 500 g 硅胶粒装入大塑料烧杯,加入 50 mL 水,搅拌混合。加水后硅胶粒需保持一粒一粒的状态,不可结为块状。

(2) 称量一个干燥皿的质量,将 3~5 g 物料置于干燥皿中,准确称重。将该干燥皿放入烘箱中,在 150 ℃下进行烘干。等物料变为蓝色(时间大于 20 min),再次称重。得到初始物料含水量(W)。

2. 实验操作步骤

(1) 开启仪器电源,将物料倒入加料槽,盖好上盖。通过面板调节进料调节器,到最大进样速度(最大可调节为 50 r · min^{-1}左右),将物料完全加入干燥器中。进料过程中,可通过 U 形管压差计观察干燥器的上下压降。进料完成后,关闭进料调节器。

(2) 完全开启旁路放空阀 V2,并关闭空气切断阀 V1,然后启动风机。观察转子流量计,按预定的风量缓慢调节风量(流量调节阀 V3 和旁路调节阀 V4 联合调节)。本实验的风量控制在 30 m^3 · h^{-1}左右为宜。

(3) 按预定的干燥温度调定控温仪上的设定值(通过面板调节,按左右键,调节小数点。按上下键,调节温度。停留 10 s,自动确认),然后打开加热的开关,等待直至床层温度恒定。热风温度的选定与空气湿度和物料性质等有关,本实验采用 55 ℃。

(4) 打开空气切断阀 V1,关闭旁路放空阀 V2。

(5) 及时将风量调回到 30 m^3 · h^{-1},开始计时。

(6) 称取各采样干燥皿质量,每隔 5 min 采集一次试样。直至干燥过程结束,采集 10 组数据。(取样方式:使取样器黑线对上,拉出拉杆,旋转取样器,用干燥皿在样品槽处取样。)

(7) 每次采集的试样放入干燥皿,用天平称取各瓶重量后,放入烘箱在 150 ℃下烘至颜色变为蓝色(时间大于 20 min)。烘干后再次称重。

注 若需要测定不同空气流量或温度下的干燥曲线,则可重复上述实验步骤进行实验。

3. 实验结束

(1) 关闭加热器,打开旁路放空阀 V2,关闭空气切断阀 V1。

(2) 风机开启状态下借助旋风分离器取出残余物料。将旋风分离器 A 的管道一端接入旋涡气泵吸入口 B,另一端接入残余物料取出口 A(将残余物料取出口 A 的盖子旋开),将残余物料取出。取完后,将管子放置好,将残余物料取出口 A 的盖子旋紧。

(3) 等温度降到 40 ℃ 以下,关闭风机。

(4) 关闭仪器电源。

(5) 将干燥皿洗净、烘干,放入保干器中待用。

五、实验注意事项

(1) 实验开始时,一定要先通风,后开电热器;实验结束,一定要先关掉电热器,待空气温度降至 40 ℃ 以下后,才可停止通风,以防烧毁电热器。

(2) 空气流量的调节,由流量调节阀 V3 与旁路调节阀 V4 联合调节。实验中风机旁路阀不要全关。旁路放空阀实验前后应全开,实验中应全关。

(3) 调节旁路放空阀 V2、空气切断阀 V1 时,注意阀门温度较高,防止烫伤。

(4) 使用取样器时,转动和推拉切莫用力过猛,并要注意正确掌握拉动的位置及扭转的方向和时机。

(5) 试样的采集、称重和烘干都要精心操作,避免造成大的实验误差,或因操作失误而导致实验失败。

六、实验结果与分析

(1) 参考表 2.7.1 测量并记录初始物料数据。物料性质:固体物料为球形颗粒状变色硅胶,颗粒平均直径为 $d_p = 1.0 \sim 1.2$ mm,湿分种类为水。

表 2.7.1 初始物料数据记录

名　称	实验数据
干燥皿重 m_v(g)	
湿试样毛重 $m_c + m_w + m_v$(g)	
干试样毛重 $m_c + m_v$(g)	
湿试样净重 $m_c + m_w$(g)	
干试样净重 m_c(g)	
试样中的水量 m_w(g)	
湿物料含水量 W(kg(水)·kg^{-1}(绝干物料))	

（2）参考表 2.7.2 和表 2.7.3 记录并整理实验条件和数据。

表 2.7.2　实验条件记录

名　　称	实验起始数据	实验结束数据
实验时间 t(min)		
转子流量计读数 R_0(m^3 · h^{-1})		
空气温度 t_1(℃)		
干燥器空气进口温度 t_2(℃)		
干燥器空气出口温度 t_4(℃)		
干燥器进口物料温度 t_3(℃)		
干燥器出口物料温度 t_5(℃)		
流化床层压差 P_1(mmH$_2$O)		
电度表值 D_1(kW · h)		

表 2.7.3　干燥数据记录与整理

名称	数据									
实验时间 t(min)	5	10	15	20	25	30	35	40	45	50
干燥皿重 m_v(g)										
湿试样毛重 $m_c + m_w + m_v$(g)										
干试样毛重 $m_c + m_v$(g)										
湿试样净重 $m_c + m_w$(g)										
干试样净重 m_c(g)										
试样中的水量 m_w(g)										
湿物料含水量 W (kg(水) · kg^{-1}(绝干物料))										

（3）根据在一定干燥条件下测得的实验数据,标绘出干燥曲线（W-t 曲线）。

（4）由干燥曲线标绘干燥速度曲线。

（5）根据实验结果确定临界点和临界含水量。

七、思考题

（1）本实验湿物料含水量为何以绝干物料的质量（干基）为基准?

（2）如何以干燥曲线绘制干燥速度曲线? 从干燥速度曲线可以得到哪些信息?

实验八　计算机控制多釜串联返混性能测定实验

一、实验目的

(1) 通过实验了解停留时间分布测定的基本原理和实验方法。

(2) 掌握停留时间分布的统计特征值的计算方法。

(3) 学会用理想反应器的串联模型来描述实验系统的流动特性。

二、实验原理

停留时间是指物料质点从进入到离开反应器总共停留的时间。当流体连续流过搅拌釜式反应器时,由于流体在反应器内流速分布的不均匀、流体的扩散运动以及反应器内存在死区等各种原因,物料质点在反应器内停留时间不一定完全相同,因此形成不同的停留时间分布。不同停留时间分布直接影响反应的结果(如反应的最终转化率可能不同)。停留时间分布测定不仅被广泛应用于化学反应工程及化工分离过程,而且涉及流动过程的其他领域。它还是反应器设计和实际操作必不可少的理论依据。

单级连续搅拌釜式反应器的理想流动模型为全混流模型,而实际反应器是否达到理想流动模型,要通过实验来检验。非理想流动反应器的流动模型也要通过实验来确定。多级连续搅拌釜式反应器的流动特性和流动模型也都要通过实验来进行研究。

连续流动的搅拌釜式反应器流动特性的研究和流动模型的建立,一般采用实验测定停留时间分布的方法。实验测定停留时间分布的方法常用的有脉冲激发-响应技术和阶跃激发-响应技术。本实验采用脉冲激发的方法测定液体(水)连续流过搅拌釜式反应器的停留时间分布曲线,由此了解反应器的流动特性和流动模型。脉冲激发方法是在设备入口处,向主体流体瞬时注入少量示踪剂,与此同时在设备出口处检测示踪剂的浓度 $c(t)$ 随时间 t 的变化关系数据或变化关系曲线(即响应曲线)。图 2.8.1 为脉冲激发方法测定停留时间分布示意图。由图可见,示踪剂虽然在极短的时间内输入,但是到了出口处,却有可能形成一个很宽的分布,反映了示踪剂在反应器中的停留时间分布。

本实验以水为流动相,以 KCl 为示踪剂,且已知 KCl 溶液的电导率与浓度呈过原点的线性关系,采用电导率仪测定设备出口处的电导率,从而得出出口处 KCl 浓度随时间的变化关系。

物料在反应器内的停留时间用概率分布的方法来定量描述,所用的概率分布函数是停留时间分布密度函数 $E(t)$ 和停留时间分布函数 $F(t)$ 。

停留时间分布密度函数 $E(t)$ 的定义:当物料以稳定流速流入设备(但不发生化学变化)时,在时间 $t=0$ 时,于瞬时 $\mathrm{d}t$ 进入设备的 N 个流体微元中,停留时间为 t 到 $t+\mathrm{d}t$ 之间的

流体微元量 dN 占当初流入量 N 的分数为 $E(t)dt$，即

$$\frac{dN}{N} = E(t)dt \qquad (2.8.1)$$

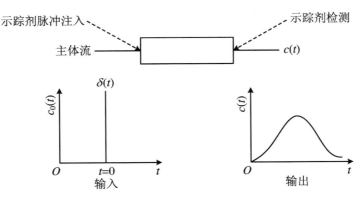

图 2.8.1　脉冲激发方法测定停留时间分布

函数具有归一性，即

$$\int_0^\infty E(t)dt = 1 \qquad (2.8.2)$$

停留时间分布函数 $F(t)$ 的定义：流过系统的物料中停留时间小于 t 的（或停留时间介于 $0 \sim t$ 范围的）物料在进料总量中所占的分数等于函数 $F(t)$ 值。即

$$F(t) = \int_0^t E(t)dt \qquad (2.8.3)$$

由实验测得的 $c(t)$-t 变化关系曲线可以直接转换为停留时间分布密度 $E(t)$ 随时间 t 的关系曲线。计算方法是对反应器进行示踪剂的物料衡算，即

$$Qc(t)dt = mE(t)dt \qquad (2.8.4)$$

式中，Q 为主流体的流量，$m^3 \cdot s^{-1}$；m 为示踪剂的加入量，kg。

示踪剂加入量可以用下式计算：

$$m = \int_0^\infty Qc(t)dt \qquad (2.8.5)$$

在 Q 值不变的情况下，由式（2.8.4）和式（2.8.5）求出

$$E(t) = \frac{c(t)}{\int_0^\infty c(t)dt} \qquad (2.8.6)$$

用停留时间分布密度函数 $E(t)$ 和停留时间分布函数 $F(t)$ 来描述系统的停留时间，给出了很好的统计分布规律。但是为了比较不同停留时间分布之间的差异，还要引入另外两个统计特征值，即数学期望和方差。

1. 平均停留时间 $\bar{t}$

数学期望即平均停留时间，是各流体微元通过反应器所需停留时间的平均值，用 $\bar{t}$ 表示。平均停留时间可按下式计算：

$$\bar{t} = \frac{\int_0^\infty tE(t)dt}{\int_0^\infty E(t)dt} = \int_0^\infty tE(t)dt \qquad (2.8.7)$$

如果取等时间间隔的离散数据,即 Δt_i 为定值,则平均停留时间可按下式计算:

$$\overline{t} = \frac{\sum_{i=1}^{n} t_i E(t_i)}{\sum_{i=1}^{n} E(t_i)} \tag{2.8.8}$$

2. 停留时间分布的方差 σ_t^2

停留时间分布的方差是反映流体流经反应器时,停留时间分布的离散程度,亦即返混程度大小的特征数。

停留时间分布方差的定义式为

$$\sigma_t^2 = \frac{\int_0^{\infty} (t - \overline{t})^2 E(t) \mathrm{d}t}{\int_0^{\infty} E(t) \mathrm{d}t} \tag{2.8.9}$$

经整理后可得

$$\sigma_t^2 = \int_0^{\infty} t^2 E(t) \mathrm{d}t - \overline{t}^2 \tag{2.8.10}$$

如果采集等时间间隔的离散数据,则 σ_t^2 可按式(2.8.11)计算,即

$$\sigma_t^2 = \frac{\sum_{i=1}^{n} t_i^2 E(t_i)}{\sum_{i=1}^{n} E(t_i)} - \overline{t}^2 \tag{2.8.11}$$

对活塞流反应器 $\sigma_t^2 = 0$;而对全混流反应器 $\sigma_t^2 = \overline{t}^2$。方差越小,停留时间分布越集中,越趋向于平均值,此时流动状况越接近于活塞流;反之,方差值越大,流动状况越接近全混流。

3. 流动模型与模型参数

单釜或多釜串联的连续流动搅拌釜式反应器的理想流动模型的检验,或非理想流动反应器偏离理想流动模型的程度,一般常采用多级全混流模型来模拟实际过程。该模型为单参数模型,模型参数为虚拟的串联级数 N。

由多级全混流反应器的物料衡算可导出其停留时间分布密度的数学表达式,即

$$E(t) = \frac{1}{(N-1)!} \cdot \frac{N}{\overline{t}} \cdot \left(\frac{Nt}{\overline{t}}\right)^{N-1} \cdot \mathrm{e}^{-Nt/\overline{t}} \tag{2.8.12}$$

联立式(2.8.9)求解可得模型参数

$$N = \frac{\overline{t}^2}{\sigma_t^2} \tag{2.8.13}$$

由模型参数 N 的值可检测理想流动反应器和度量非理想流动反应器的返混程度。当实验测得模型参数 N 的值与实际反应器的釜数相近时,则该反应器达到了理想的全混流模型。若实际反应器的流动状况偏离了理想流动模型,则可用多级全混流模型来模拟其返混情况,用其模型参数 N 来定量表征返混程度。

三、实验装置

1. 实验装置主要技术参数

多釜式反应器:直径 110 mm,高 120 mm,材料为有机玻璃,3 个。

单釜式反应器:直径 160 mm,高 120 mm,材料为有机玻璃,1 个。

搅拌马达:25 W,转数 90～1400 r·min^{-1},无级变速调节。

液体(水)流量计:4～40 L·h^{-1}。

2. 实验装置流程

本实验装置由一个单釜式搅拌釜和三个串联的等容积搅拌釜组成。装置中还配有电导率仪、转速调节与测量仪、转子流量计以及微型电子计算机等仪器,其装置流程示意图如图 2.8.2 所示。

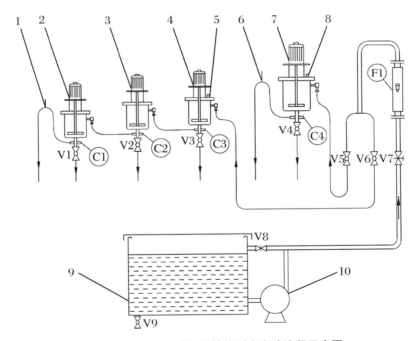

图 2.8.2　多釜串联返混性能测定实验流程示意图

1,6. 溢流口;　2,3,4,7. 釜式反应器(简称釜);　5,8. KCl 的进样口;　9. 水箱;　10. 离心泵;
F1. 转子流量计;　C1～C4. 电导率仪;　V1～V9. 阀门

釜内搅拌器由直流电动机经端面磁驱动器间接驱动,并由转速调节与测量仪进行调控和测速。

对于单釜实验,主流流体(水)自水箱的出口,经调节阀和流量计,由釜 7 顶部加入,再由釜底排出,经电导电极后排入下水道;对于三釜串联实验,主流流体(水)由釜 4 顶部加入,再由釜底排出后进入釜 3,如此逐级下流,最后由釜 2 底部排出,经电导电极后排入下水道。

示踪剂可根据实验需要,分别由釜顶进样口注入。如单釜实验,可在釜 7 的釜顶进样口 8 注入;三釜串联实验可在釜 4 的釜顶进样口 5 注入。

由电导率仪测得设备出口液体中示踪剂浓度变化的电信号,经放大和 A/D 转换输入计算机。

3. 实验仪表面板示意图

实验仪表面板示意图如图 2.8.3 所示。

图 2.8.3　仪表面板示意图

四、实验步骤

扫描二维码 2.8.1,了解计算机控制多釜串联返混性能测定实验步骤。

二维码 2.8.1　计算机控制多釜串联返混性能测定实验操作视频

1. 实验前的准备工作

(1) 配好饱和 KCl 溶液待用。

(2) 向水箱加水,使液位在水箱的四分之三。

(3) 检查电极读数是否正确。

2. 测定停留时间分布

(1) 单釜性能测定。打开总电源开关,稍微开启离心泵的循环阀 V8,启动离心泵,打开阀门 V5,慢慢打开转子流量计 F1 的阀门 V7,调节水流量维持在 $30 \text{ L} \cdot \text{h}^{-1}$ 向大釜内注水,检查实验管路和釜内没有气泡,直至釜内充满水,并能正常地溢流。

开启釜 7 搅拌马达开关,然后再调节马达的转速,使釜搅拌速度在 $200 \text{ r} \cdot \text{min}^{-1}$。

开启计算机电源,打开"四釜串联实验"软件。

打开"单釜曲线",当图上有显示点后,将 1 mL 饱和 KCl 溶液用注射器快速一次性地注入釜 7 中。实验所需时间可根据图形变换而定,当图像由最高点恢复到与初始点接近,再过 10 min 左右即可结束实验。

待测试结束,点击"计算"按钮,再点击"保存数据、保存图像"按钮保存数据图像。

(2) 三釜串联性能测定。打开阀门 V6,关闭阀门 V5,慢慢打开转子流量计阀门 V7,调节水流量维持在 $30 \text{ L} \cdot \text{h}^{-1}$ 向三个小釜内注水,检查实验管路和釜内没有气泡,直至釜内充满水,并能正常地溢流。

分别开启三釜 2,3,4 搅拌马达开关,然后再调节马达的转速,使釜搅拌速度

在 $200\ r \cdot min^{-1}$。

计算机开启状态下,打开"四釜串联实验"软件。

打开"三釜曲线",当图上有显示点后,将 1 mL 饱和 KCl 溶液用注射器快速一次性地注入釜 4 中。实验所需时间可根据图形变换而定,当图像由最高点恢复到与初始点接近,再过 10 min 左右即可结束实验。

待测试结束,点击"计算"按钮,再点击"保存数据、保存图像"按钮保存数据图像。

3. 实验结束工作

(1) 实验完毕,需清洗管路和釜式反应器。向釜内连续注水,打开釜底排水阀,将水排空,反复两三次,最后釜内为排空状态。

(2) 将转速缓慢调至零,关闭各阀门、电源开关。

(3) 退出实验程序,关闭计算机。

五、实验注意事项

(1) 通水时要排净管路内气泡。

(2) 溢出来的水通过管道排入下水道,注意及时给水箱注水,使水箱中水量充足。

(3) 脉冲激发方法向设备内加入示踪剂,要求一次性快速(0.1~1.0 s 内)注入。

(4) 实验结束后要清洗釜式反应器。

六、实验结果与分析

(1) 实验条件记录(参见表 2.8.1)。

表 2.8.1 实验条件记录

釜搅拌速度($r \cdot min^{-1}$)	
水流量($L \cdot h^{-1}$)	

(2) 数据处理和结果记录。通过实验数据,绘制"电导率-时间"曲线图,并计算平均停留时间(数学期望)$\bar{t}$、方差 σ_t^2 和模型参数 N,将结果填入表 2.8.2。

表 2.8.2 主要数据处理结果记录

参数 串联釜数	平均停留时间$\bar{t}$(s)	方差 σ_t^2	模型参数 N
单釜			
三釜			

（3）单釜和三釜串联实验的停留时间分布参考图（图 2.8.4 和图 2.8.5）。

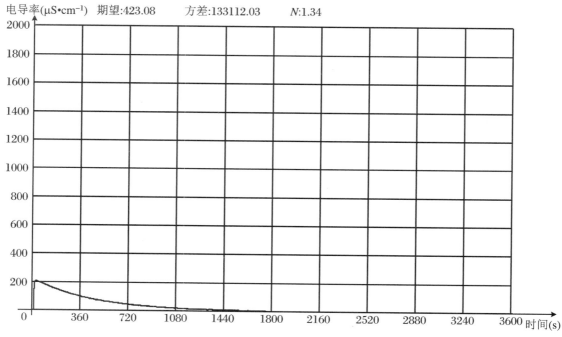

电导率(μS·cm⁻¹)　期望:423.08　　方差:133112.03　　N:1.34

图 2.8.4　单釜图

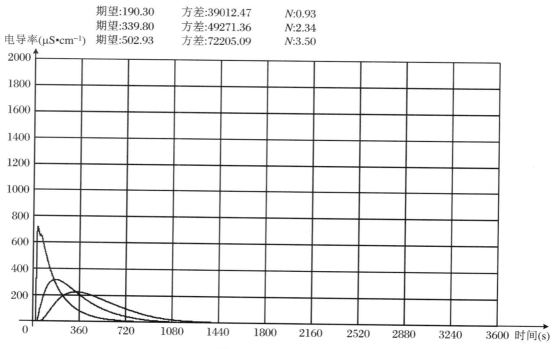

期望:190.30　方差:39012.47　N:0.93
期望:339.80　方差:49271.36　N:2.34
电导率(μS·cm⁻¹)　期望:502.93　方差:72205.09　N:3.50

图 2.8.5　三釜串联图

七、思考题

(1) 停留时间分布函数与停留时间分布密度函数有哪些性质？它们有何关系？

(2) 什么是示踪剂？对示踪剂有哪些要求？加入示踪剂时的注意事项是什么？

(3) 当主流流体的流量恒定时，搅拌转速对单级反应器停留时间有什么影响？

实验九　反应精馏法制乙酸乙酯

一、实验目的

(1) 了解反应精馏是既服从质量作用定律又服从相平衡规律的复杂过程。

(2) 掌握反应精馏的操作。

(3) 能进行全塔物料衡算和塔操作的过程分析。

(4) 了解反应精馏与常规精馏的区别。

(5) 学会分析塔内物料组成。

二、实验原理

反应精馏是精馏技术中的一个特殊领域。在操作过程中，化学反应与分离同时进行，故能显著提高总体转化率，降低能耗。此法在酯化、醚化、酯交换、水解等化工生产中得到应用，而且越来越显示其优越性。

反应精馏过程不同于一般精馏，它既有精馏的物理相变的传递现象，又有物质变性的化学反应现象。二者同时存在，相互影响，使整个过程更加复杂。因此，反应精馏对下列两种情况特别适用：① 可逆平衡反应。一般情况下，反应受平衡影响，转化率只能维持在平衡转化的水平。但是，若生成物中有低沸点和高沸点的物质存在，则精馏过程可使其连续地从系统中排出，结果超出平衡转化率，大大地提高了效率。② 异构体混合物分离。通常因为它们的沸点接近，靠一般的精馏方法不易分离提纯，若异构体中某组分能够发生化学反应并生成沸点不同的物质，这时可在过程中得到分离。

对于醇酸酯化反应来说，适用于第一种情况。但若该反应物无催化剂存在，单独采用反应精馏也达不到高效分离的目的。这是因为反应速度非常缓慢，故一般都用催化反应的方法。酸是有效的催化剂，常用硫酸。反应随酸浓度增加而加快，浓度在 $0.2\% \sim 1\%$（质量分数）。此外，还可以用离子交换树脂、重金属盐类和丝光沸石分子筛等固体催化剂。反应精馏的催化剂用硫酸，是由于其催化作用不受塔内温度的限制，在全塔内部可以进行催化反应，而应用固体催化剂则由于存在一个最合适的温度，精馏塔本身难以达到此条件，故很难实现最佳化操作。本实

验是以乙酸和乙醇为原料,在催化作用下生成乙酸乙酯的可逆反应。反应的方程式为

$$CH_3COOH + C_2H_5OH \Longleftrightarrow CH_3COOC_2H_5 + H_2O$$

实验进料的方式有两种:一种是直接从塔釜进料,另一种是在塔的某处进料。前者有间歇和连续式操作,后者只有连续式。若用后一种方法进料,即在塔上部某处加含有酸催化剂的乙酸,塔下部某处加乙醇。釜液沸腾状态下塔内轻组分逐渐向上移动,重组分向下移动。具体地说,乙酸从上段向下段移动,与向上段移动的乙醇接触,在不同填料高度上均发生反应,生成酯和水。塔内此时有 4 个组分。由于乙酸在气相中有缔合作用,除乙酸外,其他 3 个组分形成三元或二元共沸物。水-酯、水-醇共沸物沸点比较低,醇和酯能不断地从塔顶排出。若控制反应原料配比,可以使某组分全部转化。因此,可以认为反应精馏的分离塔也是反应器。若采用塔釜进料的间歇式操作,反应只能够在塔釜中进行。因为乙酸的沸点较高,不能进入到塔体,所以塔体内共有 3 个组分,即水、乙醇和乙酸乙酯。

全过程可用物料衡算和热量衡算来描述。

1. 物料衡算方程

对第 j 块理论板上的 i 组分进行物料衡算如下(图 2.9.1):

$$L_{j-1}X_{i,j-1} + V_{j+1}Y_{i,j+1} + F_jZ_{i,j} + R_{i,j} = V_jY_{i,j} + L_jX_{i,j} \quad (2 \leqslant j \leqslant n; i = 1,2,3,4)$$

$$(2.9.1)$$

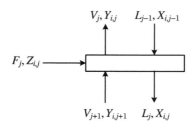

图 2.9.1 第 j 块理论板上的气液流动示意图

2. 气液平衡方程

对平衡级上某组分 i 有如下平衡关系:

$$K_{i,j}X_{i,j} - Y_{i,j} = 0 \tag{2.9.2}$$

每块板上的组成总和应该满足下列关系:

$$\sum_{i=1}^{n} Y_{i,j} = 1, \quad \sum_{i=1}^{n} X_{i,j} = 1 \tag{2.9.3}$$

3. 反应速率方程

$$R_{i,j} = K_j \cdot P_j \left[\frac{X_{i,j}}{\sum Q_{i,j} \cdot X_{i,j}} \right]^2 \times 10^5 \tag{2.9.4}$$

式(2.9.4)只在原料中各组分浓度相等条件下成立,否则应该加以修正。

4. 热量衡算方程

对平衡级上进行热量衡算,最终得到式(2.9.5),即

$$L_{j-1}h_{j-1} - V_jH_j - L_jh_j + V_{j+1}H_{j+1} + F_jH_{r,j} - Q_j + R_jH_{r,j} = 0 \tag{2.9.5}$$

5. 符号说明

F_j 为 j 板进料量;h_j 为 j 板上液体焓值;H_j 为 j 板上气体焓值;$H_{r,j}$ 为 j 板上反应热焓

值；L_j 为 j 板下降液体量；$K_{i,j}$ 为 i 组分气液平衡函数；P_j 为 j 板上液体混合物体积（持液量）；$R_{i,j}$ 为单位时间内 j 板上单位液体体积内 i 组分反应量；V_j 为 j 板上升蒸气量；$X_{i,j}$ 为 j 板上组分 i 的液相摩尔分数；$Y_{i,j}$ 为 j 板上组分 i 的气相摩尔分数；$Z_{i,j}$ 为 j 板上组分 i 的原料组成；Q_j 为 j 板上冷却或加热的热量。

三、实验装置

实验装置流程示意图如图 2.9.2 所示。反应精馏塔用玻璃制成。直径为 20 mm，塔高为 1500 mm。塔内装填直径 3 mm×3 mm 不锈钢填料（0.38 L）。塔外壁镀有金属膜，通电流使塔身加热保温。塔釜为一玻璃容器，并有电加热器加热，采用 XCT-191、ZK-50 可控硅电压控制温度。塔顶冷凝液体的回流采用摆动式回流比控制器操作，此控制系统由塔头上摆锤、电磁铁、回流比计数器组成。

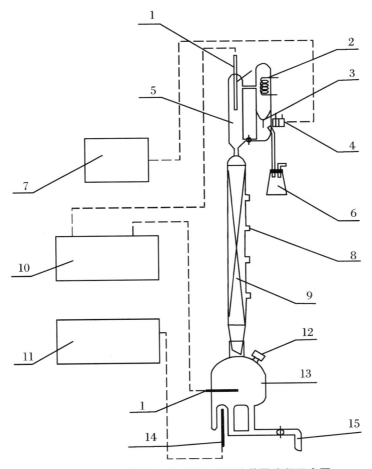

图 2.9.2　反应精馏法制乙酸乙酯实验装置流程示意图

1. 测温热电阻；　2. 冷却水；　3. 摆锤；　4. 电磁铁；　5. 塔头；　6. 馏出液收集瓶；　7. 回流比控制器；　8. 取样口；　9. 塔体；　10. 数字式温度显示器；　11. 控温仪；　12. 加料口；　13. 塔釜；　14. 电加热器；　15. 卸料口

通过气相色谱测试样品成分含量。所用的试剂有乙醇、乙酸、浓硫酸、丙酮和蒸馏水。

四、实验步骤

间歇操作：

（1）将乙醇、乙酸各 80 g，浓硫酸数滴倒入塔内。开启釜加热系统，开启塔身保温电源。开启塔顶冷凝水。

（2）当塔顶摆锤上有液体出现时，进行全回流操作。15 min 后，设定回流比为 3∶1，开启回流比控制器电源。

（3）30 min 后，用微量注射器在塔身 5 个不同高度取样，应尽量保证同步。

（4）分别将 0.2 μL 样品注入色谱分析仪，记录结果。注射器用后应用蒸馏水和丙酮依次清洗，以备后用。

（5）重复（3）和（4）步操作。

（6）关闭塔釜及塔身加热电源和冷凝水。对馏出液及釜残液进行称重和色谱分析（当残液全部流至塔釜后才取釜残液），关闭总电源。

五、实验结果与分析

（1）自行设计实验数据记录表格。根据实验测得的数据，进行数据处理，对实验结果进行讨论，并提出实验改进建议。

（2）要求进行乙酸和乙醇的全塔物料衡算，计算塔内浓度分布、反应收率、转化率等。

（3）对于间歇过程，可以根据下列公式计算反应的转化率：

$$转化率 = （乙酸的加料量 - 釜残液乙酸量）/乙酸添加量$$

六、思考题

（1）怎样提高酯化反应收率？

（2）不同回流比对产物分布影响如何？

（3）采用釜内进料，操作条件要做哪些变化？酯化反应转化率能否提高？

（4）加料摩尔比应保持多少为最佳？

（5）用实验数据能否进行模拟计算？如果数据不充分，还要测得哪些数据？

（6）使用气相色谱仪分析有哪些注意事项？

实验十 微反应器中的酯化反应

一、实验目的

（1）了解微反应器的结构和反应特点。
（2）掌握微反应器中酯化反应的操作过程。
（3）学习运用核磁共振方法推算原料的转化率。

二、实验原理

微反应器是一种单元反应界面宽度在毫米和微米量级之间的化学反应系统，是 90 年代兴起的微化工技术，它不是现有反应器的简单缩小，而是融合了材料技术、精细加工技术、传感器技术和控制技术等各种要素技术的新综合系统。微反应器具有以下优势：传质效率高；比表面积大、传热效果好；反应条件控制精准；反应体积小、安全性高；无放大效应。微反应器作为过程强化的有力工具之一，由于较高的传质传热效率以及精准的温度控制，其已被广泛应用于有机合成中。

反应器芯片采用高纯碳化硅材料，适用于强碱强酸条件。芯片结构包含双层串联反应通道、双层换热通道、进口盖板、出口盖板。反应层与换热层集成一体，导热介质直接注入芯片，并带有隔热保温外壳。其结构如图 2.10.1 所示。微反应器结构动画见二维码 2.10.1。

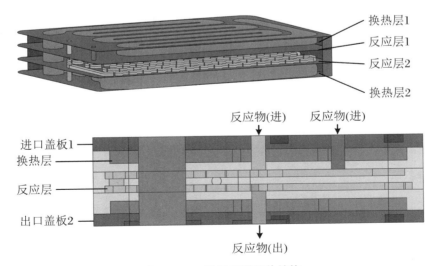

图 2.10.1 微反应器芯片结构

二维码 2.10.1　微反应器结构动画

　　以乙酸和乙醇为原料,在硫酸作用下,在微反应器里进行乙酸乙酯的合成实验,反应方程式如下:

$$CH_3COOH + CH_3CH_2OH \underset{\triangle}{\overset{H_2SO_4}{\rightleftharpoons}} CH_3COOCH_2CH_3 + H_2O \qquad (2.10.1)$$

　　乙酸乙酯是一种具有官能团—COOR 的酯类,能发生醇解、氨解、酯交换、还原等反应,低毒性,有甜味,浓度较高时有刺激性气味,易挥发,具有优异的溶解性、快干性,用途广泛,是一种重要的有机化工原料和工业溶剂。浓硫酸在反应中既有催化作用,又有吸水作用,作为催化剂,可活化羧酸的羰基,使醇容易与羧酸发生亲核反应,反应过程为加成消除机理(图 2.10.2)。

图 2.10.2　酸催化酯化反应机理

　　苯胺、质子海绵等碱性化合物,可以作硫酸的淬灭剂。实验结束后,加入适量的胺化合物,与硫酸作用,使反应停止。本实验中使用苯胺作淬灭剂。

　　通过反应体系的核磁共振氢谱,可推算原料的转化率。本实验为开放探究实验,考查反应条件对转化率的影响。

三、实验装置

　　(1) 本实验装置由微反应器、控温系统、泵组系统组成。实验装置如图 2.10.3 所示。

　　(2) 性能参数如下:

工作温度　　　　　　 $-40 \sim 200\ ℃$

工作压力　　　　　　 $\leqslant 50\ bar$

芯片尺寸　　　　　　 $200\ mm \times 140\ mm \times 30\ mm$

持液量　　　　　　　　20 mL
通道截面尺寸　　　　　1.6 mm×2 mm

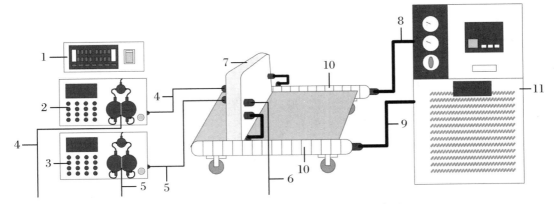

图 2.10.3　微反应器中的酯化反应装置示意图

1. 温度显示器；2. 进料泵 a；3. 进料泵 b；4. 进料管 a；5. 进料管 b；6. 出料管；7. 微反应器模块；
8. 出油口；9. 进油口；10. 加热管道；11. 温度控制机

（3）实验试剂有乙醇、乙酸、浓硫酸和苯胺。部分相关试剂的物性数据如表 2.10.1 所示。

表 2.10.1　试剂的物性数据

试剂	分子式	M_w	b. p.(℃)	m. p.(℃)	$\rho(g \cdot cm^{-3})$
乙酸	$C_2H_4O_2$	60	118.9	16.6	1.05
乙醇	C_2H_6O	46	78.5	—	0.79
乙酸乙酯	$C_4H_8O_2$	88	77.1	—	0.90
苯胺	C_6H_7N	93	184	—	1.02

四、实验步骤

扫描二维码 2.10.2，了解微反应器中的酯化反应实验步骤。

二维码 2.10.2　微反应器中的酯化反应实验操作视频

以小组形式，探究实验条件（如原料比、反应温度、催化剂用量、停留时间等）对转化率的影响。以下为实验步骤示例：

（1）打开温控系统，设置温度为 70 ℃。

(2) 将 2 个进料口置于无水乙醇中,分别以 7 mL·min^{-1} 的速度用无水乙醇清洗微反应器。

(3) 一个试剂瓶中加入 100 mL 乙酸,边搅拌边缓慢加入 25 mL 浓硫酸,配成混酸。

(4) 另一个试剂瓶中加入 150 mL 乙醇。

(5) 温度上升至稳定后,混酸以 5.0 mL·min^{-1} 的速度进料,乙醇以 6.5 mL·min^{-1} 的速度进料。

(6) 稳定进料 10 min 后,开始收集反应液约 1 mL。

(7) 用微量注射器取 0.1 mL 反应液,加 31 μL 苯胺,出现白色固体,取少量混合物,以 CDCl$_3$ 为溶剂,进行 ^{1}H NMR,推算原料转化率。

(8) 重复步骤(2)。

(9) 设置微反应器温度为 35 ℃,至反应器温度在 45 ℃以下关机。

五、实验注意事项

(1) 实验前后,微反应器都要用合适的溶剂进行清洗。

(2) 稳定进料 10 min 后,再开始收集反应液。

(3) 清洗结束后不用排空清洗液。

六、实验结果与分析

参考表 2.10.2 记录与整理实验数据。

表 2.10.2　数据记录与整理

序号	混酸流速 (mL·min^{-1})	乙醇流速 (mL·min^{-1})	物料配比 ($n_{乙酸}$: $n_{乙醇}$)	反应温度 (℃)	停留时间 (min)	乙酸转化率 (%)
1						
2						
...						

七、思考题

(1) 请陈述微通道反应和釜式反应的区别。

(2) 微反应器有哪些特点及应用?

(3) 影响酯化反应转化率的因素有哪些?通过实验探究,能得出哪些结论?

第三章　膜分离基础实验

鉴于新型分离技术对理科专业学生的重要性,本章和第四章共编写了13个与膜分离技术相关的实验。本章含4个膜分离基础实验,涉及的膜分离类型包括纳滤(Nano-filtration,NF)、反渗透(Reverse-osmosis,RO)、膜蒸馏和离子精馏,其中离子精馏为中国科学技术大学徐铜文教授团队于2022年原创性提出;第四章含4个膜分离综合实验,共计9个独立实验。

化学工程基础实验室自2001年开始,先后在"211"大学建设专项、一流大学建设专项、"985"高校专项的支持下,结合功能膜研究室的科研平台,打破了理科跟着工科院校建设思路走的做法,建设形成了更适合理科专业又具特色的实验内容。希望学生通过膜分离实验的学习,充分认识到分离过程的重要性。

膜在自然界中广泛存在,它与人类生命起源与生命活动密切相关。膜是把两相分开的薄层,其厚度要比膜表面维度小得多。膜可以是固态,也可以是液态或气态;可以是均匀的或非均匀的,对称的或非对称的;可以是荷电的或呈中性的。膜可为全渗透性的,也可为半渗透性的,但必须具有选择透过性才能用于分离应用。一般以外界能量或化学位差为推动力,对双组分或多组分溶质与溶剂进行分离、提纯、分级与富集的方法,统称为膜分离法。

本书只涉及固体膜分离实验,常见膜分离法分为微孔过滤(Micro-filtration,MF)、超滤(Ultra-filtration,UF)、纳滤、反渗透、扩散渗析(Dialysis,D)、电渗析(Electrodialysis,ED)、双极膜电渗析(Bipolar Membrane Electrodialysis,BMED)等几大类。与传统技术相比,膜分离过程不发生相变化,是一种节能技术;膜分离过程一般是常温分离,特别适合于对热敏感物质,如酶、果汁、某些药品进行分离、浓缩、精制等。目前,膜分离过程已成为解决当前能源、资源和环境污染问题的关键技术。在苦咸水淡化、食品加工、医药卫生、饮料净化、超纯水制备等方面,膜分离技术产生了很高的经济效益。

实验一　纳滤法分离糖和盐的水溶液

一、实验目的

(1) 熟悉纳滤的基本原理、纳滤器的结构及基本流程。

(2) 了解纳滤过程中的影响因素,如温度、压力、流量及物料分子量等对纳滤通量的影响。

(3) 了解纳滤器污染的原因及清洗方法。

(4) 熟悉纳滤分离技术在生化和食品工业方面的应用实例。

二、实验原理

纳滤是一种介于反渗透和超滤之间的压力驱动膜分离过程,纳滤膜的孔径范围在几个纳米左右。与其他压力驱动型膜分离过程相比,出现较晚。它的出现可追溯到 20 世纪 70 年代末 J. E. Cadotte 的 NS-300 膜的研究。之后,纳滤技术发展得很快,膜组器于 20 世纪 80 年代中期商品化。纳滤膜大多从反渗透膜衍化而来,如 CA 膜、CTA 膜、芳族聚酰胺复合膜和磺化聚醚砜膜等。但与反渗透相比,其操作压力更低,因此纳滤又被称为"低压反渗透"或"疏松反渗透"。

纳滤分离作为一项新型的膜分离技术,被愈来愈广泛地应用于电子、食品和医药等行业,诸如超纯水制备、果汁高度浓缩、多肽和氨基酸分离、抗生素浓缩与纯化、乳清蛋白浓缩、纳滤膜－生化反应器耦合等实际分离过程中。与超滤或反渗透相比,纳滤过程对单价离子和分子量低于 200 的有机物截留较差,而对二价或多价离子及分子量介于 200～500 范围的有机物有较高脱除率,基于这一特性,纳滤过程主要被应用于水的软化、净化以及相对分子质量在百级的物质的分离、分级和浓缩(如染料、抗生素、多肽、多醣等化工和生物工程产物的分级和浓缩)、脱色和去异味等。

随着对环境保护和资源综合利用认识的不断提高,人们希望在治理废水的同时实现有价物质的回收,如大豆乳清废液中含有 1% 左右的低聚糖和少量的盐,亚硫酸盐法制备化纤浆和造纸浆过程出现的亚硫酸钙废液中含有 2%～2.5% 的六碳糖和五碳糖,制糖工业中出现的废糖蜜中含有少量的盐等。上述这些废液处理过程中都涉及糖和盐的分离问题。根据纳滤膜的两个显著特点,可以推测纳滤膜可以实现糖和盐的分离,本实验以糖和盐的单组分及混合水溶液体系作为纳滤膜分离实验对象,探讨运用纳滤膜浓缩糖和脱除盐的可能性。

纳滤的技术原理近似机械筛分。当溶液体系由水泵进入纳滤器时,在纳滤器内的膜表面发生分离,溶剂(水)和其他小分子量溶质(盐)透过不对称纳滤膜,相对大分子溶质(如糖等)被纳滤膜截留,从而达到分离和纯化的目的。纳滤原理动画见二维码 3.1.1。

二维码 3.1.1 纳滤原理动画

三、实验装置

两台实验装置分别由纳滤膜组件、预处理、清洗三部分组成,其中第一套设备为单段式膜组件,膜组件是有效面积为 2.5 m² 的聚酰胺卷式膜,pH 使用范围为 2～12。第一套设备的基本流程见图 3.1.1。

　　纳滤膜元件水平安装在系统上。在物料浓缩过程中,物料在泵的压力下进入纳滤系统,由于纳滤膜的截留性能,水及少部分分子量小的可溶于水的物质可透过膜与原物料分离,形成透过水流,被移送或排放,其他物料则被截留,形成浓缩物料流。在给料泵的作用下,物料仍进行高速连续流动,将浓缩物料输出系统外,进入浓缩循环罐中,进行循环浓缩的同时自行清理了膜孔表面滞留的截留物,从而实现阶段性连续作业,直至达到预定的浓缩分离目的。

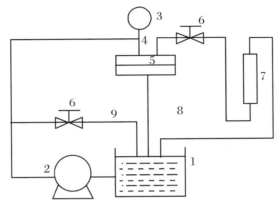

图 3.1.1　纳滤透过实验流程示意图

1. 原料槽; 2. 泵; 3. 压力表; 4. 膜实验装置; 5. 膜片;
6. 调节阀; 7. 流量计; 8. 透过液; 9. 旁路

　　第二套设备为多段式膜组件。物料由原料桶经加压泵加压后,送入纳滤膜组件,调节纳滤膜出口阀门,使过滤压力达到预定值,物料经纳滤膜过滤后分成透过液和浓缩液。透过液进入清液罐或排放,浓缩液从组件流出后回到浓缩罐,如此不断循环实现料液的浓缩和分离。

　　实验选用的中性溶质和盐分别为葡萄糖和氯化钠,葡萄糖由生化测定仪测定其浓度,所用仪器为 SBA-40E 型生物传感分析仪,使用方法见本实验后附录;氯化钠用电导分析法测定,所用仪器为上海第二分析仪器厂 DDS-11A 型电导率仪。糖和盐的截留率定义为

$$R = \frac{C_f - C_p}{C_f} \tag{3.1.1}$$

式中,C_f 为料液中糖的浓度或盐的电导率;C_p 为透过液中糖的浓度或盐的电导率。

四、实验步骤

　　扫描二维码 3.1.2,了解纳滤法分离糖盐水溶液实验步骤。

二维码 3.1.2　纳滤法分离糖盐水溶液实验操作视频

（一）第一套设备

1. 测定不同压力下膜的水通量（最大压力 7 atm）

操作步骤：

（1）料液桶放满自来水（离桶边沿 4～5 cm 处），打开高压泵的排气口，直至有水溢出。

（2）高压泵出口关闭，浓缩液出口流量调节阀全开。

（3）开启高压泵，调节高压泵出口阀，将压力调节至 2.0 atm。

（4）调节浓缩液出口流量调节阀，并且观察透过液流量计流量，调至透过液流量可读数时，待稳定后记录压力和透过液流量计读数。

（5）继续调节浓缩液出口流量调节阀，调节压力范围为 3～7 atm，测取 4～5 组数据。（作出压力与水通量的关系曲线。）

（6）实验结束后，将浓缩液流量调节阀全开，关闭高压泵出口阀，关闭高压泵电源。

2. 测定一定压力下（7 atm）葡萄糖水溶液的浓度与时间的关系，并计算截留率

操作步骤：

（1）称取葡萄糖 20 g，溶于烧杯中。

（2）料液桶放满自来水，将葡萄糖溶液倒入桶中，配制成约 $0.60\ \mathrm{g \cdot L^{-1}}$ 的葡萄糖水溶液。

（3）浓缩液出口流量调节阀全开，高压泵出口阀关闭，打开排气口直至有水溢出后关闭。

（4）开启高压泵，调节高压泵出口阀，将压力调节至 2.0 atm。

（5）调节浓缩液出口流量调节阀，将压力调至 7 atm 左右，循环 5 min 后取样。

（6）用烧杯在料液桶里取出原料液待测，然后将透过液出口管放入塑料桶中，开始计时。以后每隔 4 min 取一次浓缩液（浓 1、浓 2、浓 3），最后在塑料桶中取一次透过液。待取样品见表 3.1.1。

表 3.1.1　浓缩液与透过液收集

	0 min	4 min	8 min	12 min
浓缩液（料液桶）	原料液	浓 1	浓 2	浓 3
透过液（塑料桶）	—	—	—	透过液

（7）浓缩液出口流量调节阀全开，关闭高压泵出口阀，关闭高压泵电源。

（8）用生化测定仪分析料液浓度。（作出葡萄糖浓度-分离时间曲线。）

（9）清洗实验仪器。

3. 实验数据处理

（1）作出压力与水通量的关系曲线。

（2）作出葡萄糖浓度-分离时间曲线，并计算截留率。

（3）实验结果讨论及思考题。

注　清洗仪器时用自来水清洗 3 遍，纯水清洗 1 遍（至 pH 中性）。

(二)第二套设备

1. 测定不同压力下膜的水通量(最大压力 10 atm)

操作步骤:

(1) 料液桶放满自来水(离桶边沿 4～5 cm 处)。打开高压泵的排气口,直至有水溢出。

(2) 打开膜管的料液进口阀、透过液出口阀、浓缩液出口阀、浓缩液流量调节阀及进入料液桶的浓缩液阀和透过液阀1(通料液桶)(其他阀门处于关闭状态)。

(3) 开启高压泵,缓慢打开高压泵出口阀(5～10 s)至全开,此时压力约 1.4 atm。

(4) 调节浓缩液流量调节阀,观察透过液流量计流量,调至透过液流量可读数时,待稳定后记录压力及透过液流量计读数。

(5) 继续调节浓缩液流量调节阀,稳定后记录压力和透过液流量,调节压力范围为4～10 atm,测取 5～6 组数据。(作出压力与水通量的关系曲线。)

(6) 实验结束后,将浓缩液流量调节阀全开,关闭高压泵出口阀,关闭高压泵电源。

2. 测定一定压力下(7 atm)葡萄糖水溶液浓度与时间的关系,计算截留率

操作步骤:

(1) 称取葡萄糖 40 g,溶于烧杯中。

(2) 料液桶放满自来水,将葡萄糖溶液倒入桶中,配制成约 0.60 g·L^{-1} 的葡萄糖水溶液。

(3) 打开膜管的料液进口阀、透过液出口阀、浓缩液出口阀、浓缩液流量调节阀及进入料液桶的浓缩液阀和透过液阀1(其他阀门处于关闭状态)。

(4) 开启高压泵,缓慢打开高压泵出口阀(5～10 s)至全开。

(5) 调节浓缩液流量调节阀,将压力调至 7 atm 左右,循环约 5 min 后取样。

(6) 用烧杯在料液桶里取出原料液待测。然后打开透过液阀2(通塑料桶),关闭透过液阀1,开始计时。以后透过液塑料桶每装满一次,取一次浓缩液(浓1、浓2、浓3),最后在塑料桶中取一次透过液(关闭电源后取透过液样品)。待取样品见表3.1.2。

表 3.1.2　浓缩液与透过液收集

	0 min	1桶透过液	2桶透过液	3桶透过液
浓缩液(料液桶)	原料液	浓 1	浓 2	浓 3
透过液(塑料桶)	—	—	—	透过液

(7) 浓缩液出口处流量调节阀全开,高压泵出口阀关闭,关闭高压泵电源。

(8) 用生化测定仪分析料液浓度。(作出葡萄糖浓度-分离时间曲线。)

(9) 清洗实验仪器。

3. 实验数据处理

(1) 作出压力与水通量的关系曲线。

（2）作出葡萄糖浓度-分离时间曲线，并计算截留率。

（3）实验结果讨论及思考题。

注　清洗仪器时用自来水清洗 3 遍，纯水清洗 1 遍（至 pH 中性）。

五、实验注意事项

（1）开机前，要认真检查管路阀门的启闭状态，保证管路畅通。

（2）膜的工作压力不能大于设备的额定压力。

（3）在浓缩分离或停泵过程中，膜组件清水侧阀门严禁关闭，以免造成低压系统的压力憋高和产生背压对膜组件造成永久性损伤。

（4）在浓缩过程中，应根据料液温度情况，适时开启冷却水给料液降温，以控制料液温度在 40 ℃以内。

（5）离心泵的启动，应严格按泵的启停规程操作。

六、实验结果与分析

可根据不同的物料选择不同的处理方法：

（1）不同压力下测定膜的水通量。

（2）不同压力下测定膜对单组分葡萄糖和氯化钠的截留率，实验中葡萄糖的浓度均为 600 mg·L^{-1}，氯化钠溶液的浓度为 10 mmol·L^{-1}。

（3）在一定压力下，测定膜对不同浓度下单组分葡萄糖和氯化钠溶液的截留率，葡萄糖和氯化钠的浓度变化范围分别为 200～20000 mg·L^{-1}和 10～400 mmol·L^{-1}。

（4）在一定压力下测定葡萄糖-氯化钠混合溶液中膜对糖和盐的截留率。

（5）纳滤膜组件清洗方法及通量恢复情况。

（6）实验数据可参照表 3.1.3 与表 3.1.4 进行记录。

表 3.1.3　数据记录

温度_____

序号	压力（atm）	渗透侧通量（L·min^{-1}）
1		
2		
3		
...		

表 3.1.4 溶液通量-压力-浓度

温度_____

料液	实验序号	平均压力（atm）	通量（L·min⁻¹）	透过液葡萄糖浓度（mg·L⁻¹）	透过液 NaCl 浓度（mmol·L⁻¹）
NaCl					
...					
葡萄糖					
...					
葡萄糖 + NaCl					
...					

七、思考题

（1）纳滤和超滤、反渗透在分离对象及原理方面有什么不同？

（2）对于糖和盐的混合溶液，若不采用纳滤进行分离，还有什么化学方法？与纳滤比较，优越性如何？

（3）纳滤也有两种主要操作模式，一种是料液不循环（浓缩侧排放），另一种是浓缩侧循环，试定性说明两种操作模式在操作压力不变的情况下，渗透侧流量、透过液糖度、电导率和整个系统温度的变化。

（4）根据实验结果绘制水通量-压力和截留率（糖、盐）/浓度-压力曲线。

附 SBA-40E 型生物传感分析仪操作步骤

一、SBA-40E 型生物传感分析仪操作规程

1. 开机，自动清洗一次

按"开/关"键，屏幕依次显示"开机清洗中…""参数初始化…""左电极零点、右电极零点"。

2. 进标准品

当进样灯（绿灯）亮并闪动，且当屏幕处于自动零状态的 0 值时，把吸取好的 25 µL 标准样

品注入进样口。

3. 自动定标、清洗

20 s 反应结束后,仪器自动开始定标,屏幕显示设定的标值,并自动清洗反应池,但不打印结果。

4. 确定定标完成

重复 2~3 步骤测定标准样品,当仪器稳定后,即前后两针的结果相对误差小于百分之一时,仪器便已经完成定标,标志是进样灯(绿灯)一直亮但不闪动。

5. 测定样品

将被测量的样品稀释到适当的浓度,然后用与标准品相同的方式进行测定。屏幕直接显示最后的测定结果。同一样品测定三次或三次以上,再进行统计,可以得到更准确的统计值。

二、操作及维护注意事项

(一)操作

(1)进样时以绿灯亮为准。绿灯闪烁,进标准样;绿灯不闪烁,进样品。

(2)进样量务必准确:绿灯亮后,要立刻进样,不能等待拖延,否则会影响测定结果的准确性。

(3)每天仪器使用完成后,要进行清洗,确保清洗液充足;微量进样器要用蒸馏水清洗;仪器电极在任何时候都要安装密封圈(酶膜或废酶膜圈),以防止损坏电极套或者漏液损坏搅拌机。

(二)维护

仪器正常工作时应同时具备以下四个条件:

(1)搅拌子均匀快速转动。如果转动停止或者时快时慢,应排空反应池后,用卫生棉球清洁反应池内部和搅拌子,注意千万不要碰到酶膜。

(2)零点稳定。如果零点不稳定,最常见的原因是电极插在反应池的一端没有拧紧,导致缓冲液流出反应池,因缓冲液导电,与机壳导通后会严重干扰零点,出现这样的情况应用卫生棉球沾无水乙醇擦净反应池周围和反应池架。

(3)泵管松紧适度。如果泵管过松,会出现回漏;如果泵管过紧,液体会从进样开关溢出。

(4)酶膜正确安装。酶膜应紧贴电极表面,不能有气泡,否则会影响零点稳定,酶膜正确安装的标志是酶膜安装后呈伞状撑起。

实验二　反渗透组合工艺制备超纯水

一、实验目的

(1) 熟悉多单元操作系统及各部分的主要功用。

(2) 熟悉反渗透的基本原理、反渗透系统的结构及基本操作。

(3) 了解反渗透操作的影响因素(如温度、压力、流量等)对脱盐效果的影响。

二、实验原理

反渗透是最精细的过程,因此又称"高滤"(Hyperfiltration)。它是利用反渗透膜选择性地只能透过溶剂而截留离子物质的性质,以膜两侧静压差为推动力,克服溶剂的渗透压,使溶剂通过反渗透膜而对液体混合物进行分离的膜过程。反渗透过程的操作压差一般为 $1.0\sim10.0$ MPa,截留组分为 $(1\sim10)\times10^{-10}$ m 小分子溶质。水处理是反渗透用得最多的场合,包括水的脱盐、软化、除菌除杂等,此外其应用也扩展到化工、食品、制药、造纸工业中某些有机物和无机物的分离等。

理解反渗透的操作原理必须从理解范托夫(van't Hoff)的渗透压定律开始。如图 3.2.1(a)所示,当用半透膜(能够让溶液中一种或几种组分通过而其他组分不能通过的选择性膜)隔开纯溶剂和溶液的时候,由于溶剂的渗透压高于溶液的渗透压,纯溶剂通过膜向溶液有一个自发的流动,这一现象叫渗透。渗透的结果是溶液侧的液柱上升,直到溶液的液柱升到一定高度并保持不变,两侧的静压差就等于纯溶剂与溶液之间的渗透压,此时系统达到平衡,溶剂不再流入溶液中,此时称渗透平衡(图 3.2.1(b))。若在溶液侧施加压力,就会减少溶剂向溶液的渗透,当增加的压力高于渗透压时,便可使溶液中的溶剂向纯溶剂侧流动(图 3.2.1(c)),即溶剂将从溶质浓度高的一侧向浓度低的一侧流动,这就是反渗透的原理。

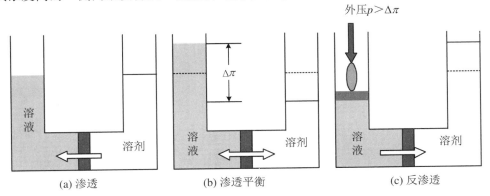

图 3.2.1　反渗透原理示意图

三、实验装置

反渗透是精密的膜过滤过程,因此在操作之前,必须进行预处理,处理过程包括离子交换去除二价离子、活性炭吸附有机物、微滤去除颗粒悬浮物等,整套实验装置由下面两个系统组成(图 3.2.2)。

1. 水净化工艺流程(系统)

原水罐→增压泵→活性炭过滤器 3,4→阳离子交换树脂柱 5→精密预过滤器 8→高压泵 9→反渗透膜组件 10,11→通过 V7 淡水收集阀收集纯净水。

2. 清洗工艺流程

清洗罐→清洗泵→反渗透膜组件 10,11→清洗罐。

四、实验步骤

1. 水净化

(1) 开机前打开阀 V1,V2,V3,V4 及 V4-3(其他阀门关闭)。

(2) 开增压泵,原水经过 3,4,5,8 由 V4-3 排放,直到排放水符合进膜水质要求为止。

(3) 打开 V5,V6,V8,关闭 V4-3,先开增压泵,再开高压泵,经预处理过的水,经 V5、高压泵到达 10,11 膜组件,然后分别流经渗透侧转子流量计 F2、渗透侧排放阀 V6、浓缩侧转子流量计 F1、浓缩侧出口调压阀 V8 排放。当 V6 流出水质达标后,打开淡水收集阀 V7,关闭 V6,通过调节 V8 来控制进出膜系统管路的压力。

(4) 记录不同压力下浓缩侧和渗透侧的流量及渗透侧的电导率。

(5) 水净化操作完毕,先停高压泵,再停增压泵,最后关闭系统阀门。

2. 膜组件清洗

清洗时直接由清洗泵打入反渗透膜组件中,此时只要关闭相应的阀门即可,清洗水为反渗透处理后的水。

五、实验注意事项

(1) 开机前,要认真检查管路阀门的启闭状态,保证管路畅通。

(2) 反渗透膜在正常运行及清洗过程中,渗透侧阀门 V6,V7 严禁同时关闭,以免产生背压,对反渗透膜造成永久性损坏。

(3) 膜的工作压力不能大于 16 atm。

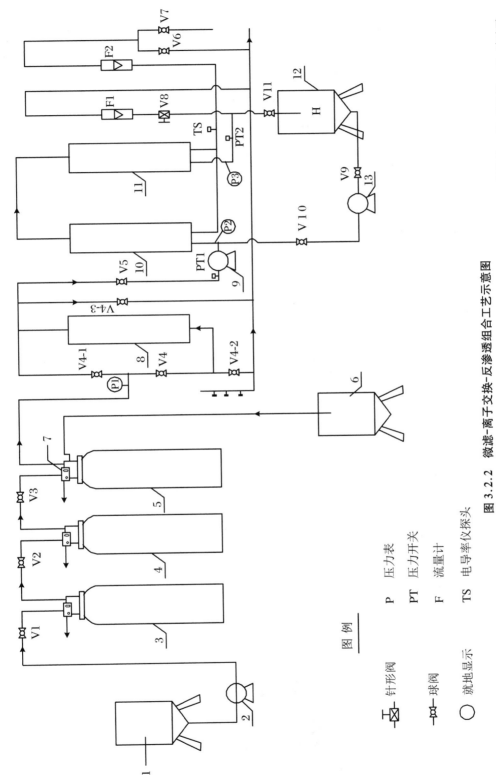

图 3.2.2 微滤-离子交换-反渗透组合工艺示意图

1. 原水罐; 2. 增压泵; 3、4. 炭滤器; 5. 树脂柱; 6. 盐水罐; 7. 废水或再生水; 8. 预过滤器; 9. 高压泵; 10、11. 膜组件; 12. 清洗罐; 13. 清洗泵

图 例

针形阀		P	压力表
球阀		PT	压力开关
就地显示		F	流量计
		TS	电导率仪探头

六、实验结果与分析

（1）参考表 3.2.1 记录实验数据。

表 3.2.1　数据记录

原水电导_____　　　　温度_____

序号	膜前压力	膜后压力	渗透侧通量	浓缩侧通量	渗透侧电导率

（2）膜的截留率可按下式进行计算：

$$R = 1 - C_p/C_f \tag{3.2.1}$$

式中，C_p，C_f 为透过侧和原料侧浓度。

（3）在一定范围内，浓度与电导率成正比，试根据实验结果作出压力-流量-截留率的曲线。

七、思考题

（1）反渗透之前为什么进行预处理？各部分预处理的功用是什么？

（2）该装置有三个泵，请指出它们的用途。

（3）反渗透有两种主要操作模式，一种是料液不循环（浓缩侧排放），另一种是浓缩侧循环，试定性说明在操作压力不变的情况下，渗透侧流量、电导率和整个系统温度的变化。

实验三　膜蒸馏海水淡化实验

扫描二维码 3.3.1，了解膜蒸馏海水淡化虚拟仿真实验。

二维码 3.3.1　膜蒸馏海水淡化虚拟仿真实验

一、实验目的

（1）了解膜蒸馏海水淡化的基本原理、膜蒸馏组件的构造及操作方法。

（2）考查料液侧温度对海水淡化效果的影响。

（3）了解膜蒸馏在处理不同料液时的优点。

二、实验原理

膜蒸馏是一种利用疏水性微孔膜将两种不同温度的溶液分开,较高温度侧溶液中的易挥发物质呈气态透过膜,进入膜另一侧冷凝的膜分离过程。它有别于其他膜分离过程,具有以下特征:① 所用的膜是微孔膜。② 膜一侧不能被处理料液浸润。③ 膜孔内无毛细管冷凝现象。④ 只有蒸汽能通过膜孔传质。⑤ 膜不能改变操作溶液各组分的气液平衡。⑥膜蒸馏组件中膜至少一侧要与操作溶液直接接触。对于每一组分而言,膜操作的推动力是由膜两侧蒸汽温度差造成的组分的气相分压梯度,它是热量和质量同时传递的过程,膜孔内传质过程是分子扩散和克努森扩散的综合结果。原理如图 3.3.1 所示,主要传质过程有:

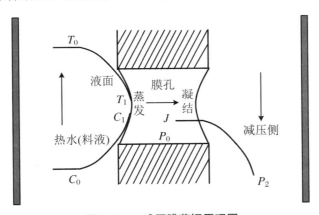

图 3.3.1　减压膜蒸馏原理图

T_0:料液侧温度,T_1:膜孔界面温度;　C_0:料液浓度,C_1:膜孔界面浓度;　P_0:膜孔界面蒸气压,P_2:减压侧蒸气压;　J:通量

（1）水在料液侧膜表面汽化。

（2）汽化水蒸气通过疏水膜进行传质。

（3）水蒸气在膜低温侧进行冷凝或者被抽入冷凝器中冷凝成液态水。

膜蒸馏的优点主要有:

（1）截留率高,对盐的选择性可以大于反渗透甚至多效闪蒸。

（2）操作温度比传统蒸馏低得多,对被处理物质物理化学性质影响较小,可以利用地热、太阳能、工业废热预热等,降低能耗。

（3）操作压力较其他膜分离过程低。

（4）可以获得纯度很高的透过液、浓缩倍数高的料液。

根据膜下游侧冷凝方式的不同，膜蒸馏过程可以分为以下类型：① 直接接触式膜蒸馏（DCMD）。② 气隙式膜蒸馏（AGMD）。③ 真空式膜蒸馏（又称减压膜蒸馏，VMD）。④ 气扫式膜蒸馏（SGMD）。如图 3.3.2 所示。

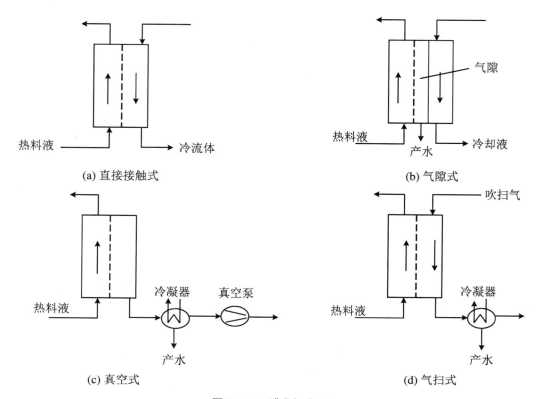

图 3.3.2　膜蒸馏类型

膜蒸馏过程应用广泛，按产物所在位置主要分为两类：以渗透液为目的的产物和以截留液为目的的产物。

（1）纯水生产：海水、苦咸水脱盐；电厂锅炉用水；半导体工业用水。

（2）溶液浓缩：废水处理；果汁等浓缩；盐、酸、碱的浓缩。

（3）挥发性生物产品脱除：乙醇、丁醇、丙酮或者芳香族化合物等挥发性产品可以通过发酵过程制取并利用膜蒸馏过程脱除。处理含低浓度挥发性组分的水溶液，如乙醇-水、三氯乙烯-水的体系。

本实验采用减压膜蒸馏对模拟海水进行淡化处理，实验完成后产水中含盐量（TDS）由电导率仪测试，为了得到低浓度时 TDS 与电导率的关系，实验前我们先用 NaCl 配制 $0\sim5\ \text{mmol} \cdot \text{L}^{-1}$ 的标准卤水溶液，用电导率仪检测电导率，然后作出模拟曲线，即标准曲线如图 3.3.3 所示。

在低浓度时 TDS 与电导率呈线性关系，拟合公式为

$$y = 94.3x + 5.1 \quad （拟合相关度（\text{Adj. R-square}）为 0.99983）$$

式中，x 为 NaCl 浓度，$\text{mmol} \cdot \text{L}^{-1}$；$y$ 为电导率，$\mu\text{S} \cdot \text{cm}^{-1}$。

最终产水罐中产水的 TDS 由图 3.3.3 的标准曲线推导得到。

脱盐率计算公式为

$$R = \frac{(\delta_0 - \delta_t)}{\delta_0} \times 100\% \tag{3.3.1}$$

式中,R 为脱盐率,%;δ_0 为初始时原料液的电导率,$\mu S \cdot cm^{-1}$;δ_t 为 t 时刻产水溶液的电导率,$\mu S \cdot cm^{-1}$。

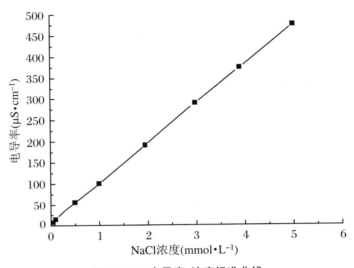

图 3.3.3 电导率-浓度标准曲线

水通量计算公式为

$$J_{H_2O} = \frac{\Delta m}{A \Delta t} \tag{3.3.2}$$

式中,J_{H_2O} 为过程水通量,$kg \cdot m^{-2} \cdot h^{-1}$;$\Delta t$ 为实验操作时间,h;A 为膜组件有效面积,m^2;Δm 为 Δt 时间内产水罐所增加的产水质量,kg。

三、实验装置

本实验采用浸没式膜蒸馏实验设备,由浙江东大环境工程有限公司提供,实验装置流程示意图如图 3.3.4 所示。实验流程和原理动画见二维码 3.3.2。实验用膜为疏水性聚四氟乙烯(PTFE)中空纤维膜,膜参数如表 3.3.1 所示。

二维码 3.3.2 膜蒸馏海水淡化实验流程和原理

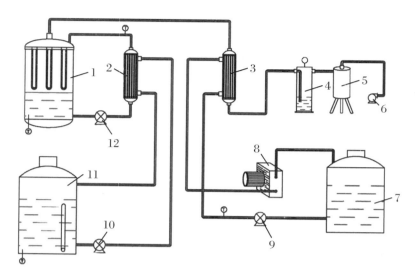

图 3.3.4　膜蒸馏海水淡化实验流程示意图

1. 原水箱；　2,3. 换热器；　4. 储水罐；　5. 水气分离器；　6. 真空泵；　7. 冷水箱；
8. 散热器；　9. 冷水泵；　10. 热水泵；　11. 热水箱；　12. 原水泵

表 3.3.1　聚四氟乙烯中空纤维膜参数

膜材料	平均膜厚（mm）	纤维内径（mm）	纤维外径（mm）	平均孔径（μm）	孔隙率
聚四氟乙烯	0.5	1.2	2.2	0.25	45%～50%

实验采用 U 形中空纤维膜组件(实物图见图 3.3.5)，在组件内腔中均匀地按束平行排列，其中膜组件的参数如表 3.3.2 所示。

图 3.3.5　膜组件实物图

表 3.3.2 膜组件参数

项目	参数
纤维数(根/束)	60
纤维束数(束)	12
纤维总数(根)	720
纤维有效长度(cm)	45
纤维组件内腔有效宽度(mm)	185
组件内腔有效高度(含罐体)(m)	1
有效膜面积(m²)	2.25

四、实验步骤

扫描二维码 3.3.3,了解膜蒸馏海水淡化实验步骤。

二维码 3.3.3 膜蒸馏海水淡化实验操作视频

(1) 向原水箱中加入 16 L 0.2 mol·L⁻¹ NaCl 溶液作待处理模拟海水,盖好原水箱;热水箱和冷水箱中注满水。

(2) 打开总电源、原水泵,过 5 min 记录原水电导率,打开加热器、热水泵、冷水泵和风冷却器,设置一套装置的热水箱温度为 45 ℃,另一套装置的热水箱温度为 55 ℃。

(3) 至热水箱温度达到设定温度,并且原料液温度不再上升时打开真空泵,待真空度达到稳定值后记录原料液温度和真空度,并开始计时。

(4) 30 min 后记录产水电导率,关闭原水泵、加热器、热水泵、冷水泵和风冷却器,缓慢打开原水箱上方的通气阀,再关闭真空泵,最后关总电源。

(5) 打开产水罐下方的阀门,同时收集产水,记录产水体积。

(6) 打开水气分离器下方的阀门,放出里面的存水。

五、实验注意事项

(1) 待原料液温度上升至稳定时再打开真空泵开始计时。

（2）实验结束后将膜取出，用自来水冲洗，避免膜的污染造成膜孔堵塞及脱盐性能的下降。

六、实验结果与分析

参考表 3.3.3 进行实验数据的记录与整理。

表 3.3.3　数据记录与整理

项目	数据
热水箱加热温度 T_1（℃）	
原料液温度 T_2（℃）	
真空度（MPa）	
时间 Δt（h）	
初始时原料液电导率 δ_0（mS·cm^{-1}）	
t 时刻产水电导率 δ_t（μS·cm^{-1}）	
产水总体积 V（mL）	
产水质量 Δm（kg）	
产水盐浓度 c（mmol·L^{-1}）	
水通量 J_{H_2O}（kg·m^{-2}·h^{-1}）	
脱盐率 R（%）	

七、思考题

（1）通过实验数据分析料液侧温度对海水最终淡化效果的影响。

（2）请分析水通量与料液侧温度的关系。

（3）试将卷式扩散渗析实验和膜蒸馏实验结合起来，自主设计实验，实现钛白废酸中的硫酸的回收利用。

实验四　离子精馏盐湖提锂

一、实验目的

（1）熟悉离子精馏的基本原理、膜堆的结构、基本操作流程及数据处理方法。

（2）了解离子精馏过程中各级精馏室的锂离子浓度、镁离子浓度以及锂镁选择性的变化趋势。

（3）了解离子精馏过程中的影响因素，如电流强度、分离级数、膜堆构型等对最终锂镁选择性的影响。

（4）了解当前的离子分离技术现状。

二、实验原理

离子精馏（Ion-distillation）是一种有别于传统电渗析过程的新型电驱动膜分离技术平台，由中国科学技术大学徐铜文教授团队于 2022 年原创性提出，并首次应用于高镁锂比盐湖提锂。

我国锂资源丰富，主要分布在青藏高原的盐湖卤水中，其普遍特点是高镁锂比。由于锂、镁具有非常相似的性质及水合半径，卤水中镁锂比越高，提锂难度越大。当前我国提锂资源主要依靠进口，易受国外制约。因此，开发出适用于高镁锂比盐湖卤水的锂镁高效分离技术具有非常重要的经济价值和战略意义。本实验以锂离子和镁离子的混合水溶液体系为实验对象，探究离子精馏技术用于锂镁分离的规律。

传统的电渗析系统采用阴/阳离子选择膜间隔排布，两种离子膜构成一个膜单元，离子筛分性能受限于单张离子选择膜性能。而在精馏塔中，通过气相上升与液相回流，利用塔板使气液两相逆向多级接触，由于各组分饱和蒸气压不同，经过多次部分汽化与多次部分冷凝，使各组分得以分离。当组分间相对挥发度接近 1 时，为了实现高度分离，需要增加塔板数强化分离效果。受板式塔启发，"离子精馏"打破传统电渗析单元内部的功能隔膜间隔排布方式，基于"同类同侧"原则，将多个同类型膜并列排布，并在电渗析单元内集成，设计理念如图 3.4.1 所示。利用离子在堆叠离子膜中的多级筛分机制及离子选择性的级数放大效应，实现锂离子由高镁锂比盐湖卤水的精准分离。其中每张离子膜在离子精馏腔室的功能可视作精馏塔中的塔板，锂在电场驱动下逐级迁移至最终级，而镁离子则会受到多级选择性膜阻隔。此外，类似于色谱分离机制，锂离子会在最终级精馏室富集，从而同步实现锂镁高效分离与锂提浓。

离子精馏将传统提锂技术路线中的一次除镁、二次除镁、锂提浓、提锂工艺段，集成于单个离子精馏技术单元，同步实现锂富集、锂镁分离及锂提取，由盐湖卤水一步制取电池级氢氧化锂,有助于解决盐湖提锂产业中存在的问题,保障我国锂资源安全。离子精馏作为一个平台技术,集成了平衡分离(选择性高)与速率分离过程(运行成本低)的特色优势,将为锂同位素分离、稀土分离、海水精制、精细化学品分离、生物制药等特种分离场景提供替代解决方案,推动相关过程产业技术升级,具有重要的科学及应用价值。

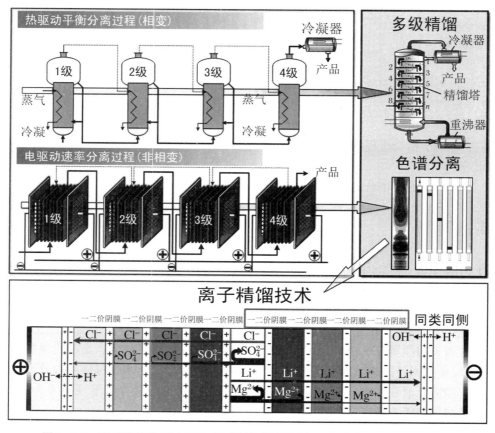

图 3.4.1　离子精馏的设计理念:板式精馏塔结构(相平衡分离)及色谱分离机制(电迁移速率分离)

三、实验装置

实验装置由离子精馏膜组件、离子交换膜、离子精馏储罐、直流电源、蠕动泵几个主要部分组成。实验采用四级离子精馏处理镁锂比为35(质量比)的模拟盐湖卤水,装置基本流程和膜堆构型示意图如图 3.4.2、图 3.4.3 和图 3.4.4 所示,四级对称型离子精馏系统的膜堆结构如下:

阳极|阳极室|双极膜|第4级阴离子精馏室|阴离子交换膜|第3级阴离子精馏室|阴离子交换膜|第2级阴离子精馏室|阴离子交换膜|第1级阴离子精馏室|阴离子交换膜|料液室|阳离子交换膜|第1级阳离子精馏室|阳离子交换膜|第2级阳离子精馏室|阳离子交换膜|第3

级阳离子精馏室|阳离子交换膜|第 4 级阳离子精馏室|双极膜|阴极室|阴极。

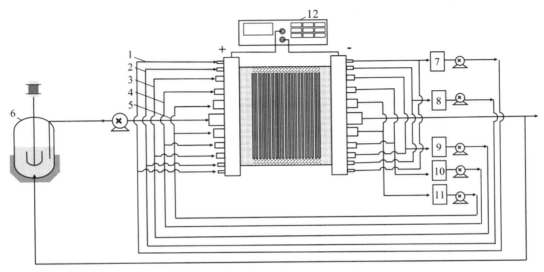

图 3.4.2　四级离子精馏装置示意图

1. 电极室；　2. 第 1 级离子精馏室；　3. 第 2 级离子精馏室；　4. 第 3 级离子精馏室；　5. 第 4 级离子精馏室；
6. 料液室；　7. 电极液储罐；　8. 第 1 级精馏储罐；　9. 第 2 级精馏储罐；　10. 第 3 级精馏储罐；　11. 第 4 级
精馏储罐；　12. 电源

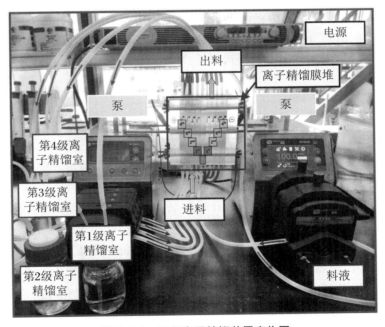

图 3.4.3　四级离子精馏装置实物图

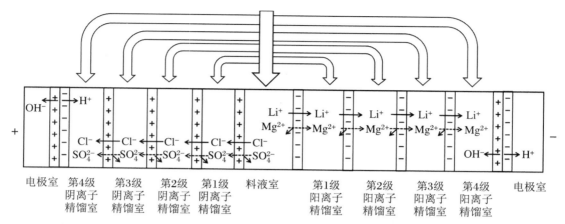

图 3.4.4　四级离子精馏膜堆构型示意图

　　实验选用氯化镁和硫酸锂配制模拟盐湖卤水作为料液,其中锂离子浓度为 $0.05\ \mathrm{mol \cdot L^{-1}}$,镁离子浓度为 $0.5\ \mathrm{mol \cdot L^{-1}}$,锂离子和镁离子浓度分别采用锂离子选择性电极 DX207 LITHIUM ISE 和镁离子选择性电极 DX224 NAGBESUYN ISE 测定,所用仪器为梅特勒-托利多国际有限公司产品。锂镁选择性按照式(3.4.1)计算:

$$P^n_{\mathrm{Li^+/Mg^{2+}}} = \frac{(C^{n,t}_{\mathrm{Li^+}} - C^{n,0}_{\mathrm{Li^+}})C^{\mathrm{F,0}}_{\mathrm{Mg^{2+}}}}{(C^{n,t}_{\mathrm{Mg^{2+}}} - C^{n,0}_{\mathrm{Mg^{2+}}})C^{\mathrm{F,0}}_{\mathrm{Li^+}}} \qquad (3.4.1)$$

式中,$C^{n,t}_{\mathrm{Li^+}}$ 和 $C^{n,0}_{\mathrm{Li^+}}$ 为 t 和 0 时刻锂离子在第 n 级离子精馏室的浓度;$C^{n,t}_{\mathrm{Mg^{2+}}}$ 和 $C^{n,0}_{\mathrm{Mg^{2+}}}$ 为 t 和 0 时刻镁离子在第 n 级离子精馏室的浓度;$C^{\mathrm{F,0}}_{\mathrm{Li^+}}$ 和 $C^{\mathrm{F,0}}_{\mathrm{Mg^{2+}}}$ 为料液中锂离子和镁离子浓度;$P^n_{\mathrm{Li^+/Mg^{2+}}}$ 为在第 n 级离子精馏室的锂镁选择性;离子浓度的单位为 $\mathrm{mol \cdot L^{-1}}$。

四、实验步骤

　　测定膜堆构型下离子精馏装置的锂镁选择性。

　　(1) 配 10 L 锂离子浓度为 $0.05\ \mathrm{mol \cdot L^{-1}}$,镁离子浓度为 $0.5\ \mathrm{mol \cdot L^{-1}}$ 的模拟盐湖卤水。

　　(2) 仿照图 3.4.4 膜堆构型,安装四级离子精馏装置。

　　(3) 装置检漏:在装置中加入纯水,打开蠕动泵并运行 10 min,保证在运行过程中各个离子精馏室液面稳定。

　　(4) 实验前准备:改变蠕动泵方向,排出步骤(3)检漏时装置内纯水,向电极室中加入 400 mL $0.3\ \mathrm{mol \cdot L^{-1}} \mathrm{Li_2SO_4}$ 溶液,向第 1~4 级离子精馏室中加入 200 mL 的纯水,向料液室通入 10 L 模拟盐湖卤水。打开蠕动泵,排除泵管中气泡,循环溶液至各个腔室液面稳定。

　　(5) 实验开始:将离子精馏装置正负极和电源连接,打开电源,施加 0.1 A 恒定电流,每隔 10 min 记录一次电压,每隔 30 min 对第 1~4 级离子精馏室进行取样(1 mL),保持装置持续运行 1 h。

　　(6) 锂镁离子选择性电极标定:取浓度分别为 $0.01\ \mathrm{mol \cdot L^{-1}}$、$0.05\ \mathrm{mol \cdot L^{-1}}$、

$0.1\,\mathrm{mol\cdot L^{-1}}$、$0.15\,\mathrm{mol\cdot L^{-1}}$ 和 $0.2\,\mathrm{mol\cdot L^{-1}}$ 的氯化锂标准溶液,对锂离子选择性电极标定,并绘制标准曲线;取浓度分别为 $0.01\,\mathrm{mol\cdot L^{-1}}$、$0.05\,\mathrm{mol\cdot L^{-1}}$、$0.1\,\mathrm{mol\cdot L^{-1}}$、$0.15\,\mathrm{mol\cdot L^{-1}}$ 和 $0.2\,\mathrm{mol\cdot L^{-1}}$ 的氯化镁标准溶液,对镁离子选择性电极标定,并绘制标准曲线。

(7) 锂镁离子浓度测定:将步骤(5)中第1～4级离子精馏室样品稀释到 10 mL,将离子选择性电极分别浸没在第1～4级离子精馏室的稀释样品溶液中,待数据稳定后,记录数据,根据步骤(6)绘制的标准曲线,计算锂镁离子浓度。

(8) 根据公式(3.4.1)计算锂镁离子选择性。

(9) 实验结束后,关闭电源,改变蠕动泵方向,将各个腔室中溶液排出。

(10) 采用纯水对装置洗涤1～2次,最后通入纯水,关闭蠕动泵。

五、实验注意事项

(1) 开机前,要认真检查管路阀门的启闭状态,保证管路畅通。

(2) 在离子精馏装置运行过程中,各个腔室的进料方式为"下进上出",以保证腔室中溶液稳定循环。

(3) 在离子精馏装置运行过程中,要对料液电导率进行检测,保证料液质量稳定。

(4) 在离子精馏装置运行过程中,蠕动泵禁止关闭,以防止浓差极化和腔室中溶质耗尽导致装置电压升高。

(5) 实验过程中应持续观察各离子精馏腔室的液面变化,如液面发生明显变化,要检查装置是否漏液;实验中持续关注离子精馏膜堆的电压变化,如果电压发生跳跃式上升,要检查离子精馏装置是否发生空气进入情况;如果膜堆电压超过设定额定电压(60 V),要立即关闭电源及各蠕动泵,检查问题原因,按照实验步骤重复实验。

六、实验结果与分析

(1) 参考表3.4.1记录与整理实验数据。

表 3.4.1　数据记录与整理

时间(min)		0	10	20	30	40	50	60
电压(V)								
料液室	C_{Li^+} (mol·L^{-1})							
	$C_{Mg^{2+}}$ (mol·L^{-1})							
第1级离子精馏室	C_{Li^+} (mol·L^{-1})							
	$C_{Mg^{2+}}$ (mol·L^{-1})							

续表

时间(min)		0	10	20	30	40	50	60
电压(V)								
第2级离子精馏室	C_{Li^+} (mol·L^{-1})							
	$C_{Mg^{2+}}$ (mol·L^{-1})							
第3级离子精馏室	C_{Li^+} (mol·L^{-1})							
	$C_{Mg^{2+}}$ (mol·L^{-1})							
第4级离子精馏室	C_{Li^+} (mol·L^{-1})							
	$C_{Mg^{2+}}$ (mol·L^{-1})							
	$P_{Li^+/Mg^{2+}}$							

(2) 作出时间与电压的关系曲线。

(3) 作出时间与各级离子精馏室中锂离子和镁离子浓度变化曲线,并计算第4级离子精馏室中的锂镁选择性。

(4) 可在不同的实验条件下,考查分离级数、膜堆构型、电流强度等因素对最终锂镁选择性的影响。

① 相同电流(0.1 A)下,二级、三级和四级离子精馏装置中各个精馏室锂离子和镁离子浓度变化趋势。

② 相同电流(0.1 A)下,不同膜堆构型(对称、非对称结构)对最终锂镁选择性的影响。

③ 在四级离子精馏装置中,不同电流(0.02 A、0.1 A、0.2 A)对离子浓度、锂镁选择性的影响。

④ 实验数据可参照表3.4.1进行记录。

七、思考题

(1) 离子精馏和传统电渗析在分离对象及原理方面有什么不同?

(2) 除了离子精馏技术外,还有什么代表性的盐湖提锂技术? 与这些技术比较,离子精馏技术有什么特点?

(3) 请列出离子精馏的其他可能应用领域并说明理由(至少两个)。

第四章　膜分离综合实验

本章含 4 个膜分离综合实验,每个综合实验由若干个独立并具有相同膜分离类型的实验组成,共计 9 个独立实验。本章涉及的膜分离方法包含超滤、扩散渗析、电渗析和双极膜电渗析。

实验一　超滤综合实验

超滤为压力驱动型膜分离技术。压力驱动膜分离技术是借助一定的外加压力使液体通过膜后分离成截留液(浓缩液)和透过液(渗透液)的分离技术。依据过滤膜孔径、被截留物质的尺寸和施加的过滤压力的不同可分为微滤、超滤、纳滤和反渗透。

超滤主要用于从液相物质中分离大分子化合物、胶体分散物、乳液。在一定的压力下,超滤膜只允许溶剂和小于膜孔径的溶质通过,以完成溶液的净化、分离与浓缩。其操作静压差一般为 $0.2 \sim 1.1$ MPa,截留的粒径范围是 $1 \sim 100$ nm。不同参考文献定义的范围略有差别。如图 4.1.1 所示,微滤、超滤、纳滤、反渗透两两之间在操作压力、截留粒径范围上没有严格的界限。操作压力、截留粒径范围都有交叉或重叠。

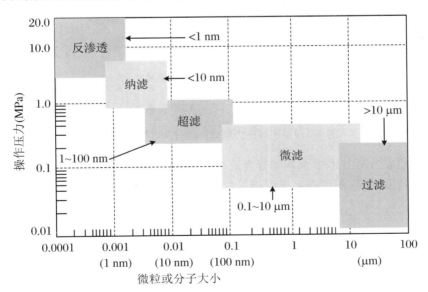

图 4.1.1　压力驱动型膜分离技术种类

如图 4.1.2 所示,微滤的操作压力为 $0.1 \sim 0.3$ MPa,超滤为 $0.3 \sim 1.1$ MPa,纳滤为 $0.7 \sim 3.1$ MPa,反渗透为 3.0 MPa 以上。操作压力与膜孔大小(也即截留物的粒径大小)有很大关系,一般截留分子量越大,提供的操作压力越小。

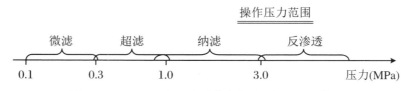

图 4.1.2　不同压力驱动型膜分离过程操作压力范围

几种以压力为驱动的膜分离过程,截留物也可以按照图 4.1.3 进行最简单的划分:微滤截留的是固体悬浮物,还属于固液分离范围;超滤截留的是大分子,不再是固液分离;纳滤是多价离子;反渗透是单价离子。这种划分只是对几个膜分离过程进行最简单的理解和划分,实际要复杂得多。

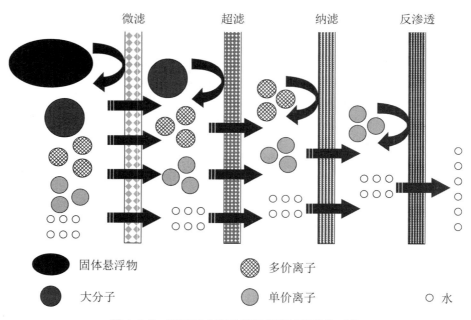

图 4.1.3　不同压力驱动型膜分离过程操作对象

压力驱动型膜分离技术由于具有分离效率高、能耗比较低、操作简单、出水水质好且稳定、运行管理费用较低、工作温度在室温附近等优点而被广泛应用于水处理行业。

▶ 实验 1　超滤膜组件组装实验

一、实验目的

(1) 了解常见超滤器的组件类型和结构。

（2）学会平板式超滤膜组件的制作。

（3）熟悉平板式超滤过程的原理、结构及基本流程。

二、实验原理

膜分离组件简称膜组件（Membrane Module），是膜分离工艺中核心部件，主要起到支撑膜片和增大传质效率的作用。膜组件的研究一直集中在优化高效传质的流道、提高传质系数、降低渗透阻力、减小渗透压力。实际应用过程中针对不同的工艺目标和工艺需求选择合适的膜组件构型，还要考虑使用寿命、对溶剂的耐受性以及造价成本问题，表4.1.1是几种常见膜组件类型在系统成本、相同装填膜面积组件体积、设计弹性等方面的比较情况。

表 4.1.1　常见膜组件结构及相互比较

性质	比较结果	性质	比较结果
系统成本	管式、平板式＞中空纤维式、卷式	体积大小	管式＞平板式＞卷式＞中空纤维式
设计弹性	卷式＞中空纤维式＞平板式＞管式	易污堵程度	中空纤维式＞卷式＞平板式＞管式
易清洗性	平板式＞管式＞卷式＞中空纤维式	能耗	管式＞平板式＞中空纤维式＞卷式

由表4.1.1可见，常见膜组件的形态和结构主要分为以下四类：平板式（板框式、折叠式）、管式、卷式、中空纤维式。

1. 平板式膜组件

平板式膜组件是结构最简单、应用最早、商品化最早的一类膜组件，又称板框式膜组件。其架构简单，如图4.1.4所示，膜、流道板交替排列，构成膜组件，多组件串联密封还可以构成平板式膜器。平板式膜组件膜结构简单，操作方便，易于清洗，使用寿命较高，膜表面不易受损，能较大程度地减轻膜污染现象，且平板式膜组件分离过程所需渗透压较低，节能环保，对设备和操作要求不高，是最早工业化和商品化的一类膜组件。但是平板式膜组件占地面积大，处理量有限，随着工艺的成熟和处理需求量的增大，工业上对平板式膜组件的应用越来越少。

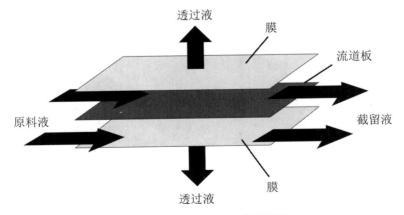

图 4.1.4　平板式膜组件示意图

2. 管式膜组件

管式膜组件主要由两部分组成:圆管式的膜及膜支撑体,如图 4.1.5 所示。管式膜对设备要求低,能耗低,耐压性较强。管式膜组件相对于其他膜组件最大的优势在于可以极大地减轻膜污染的程度,因为管式膜组件流道面积大,料液流速可控范围大,有利于控制浓差极化,适用于处理一些浓度或黏度较大的料液。当需要对膜组件进行清理时,可直接清洗,无需拆卸。但其流道面积大意味着膜的装填面积小,对投资要求高,场地费用也相对较高。

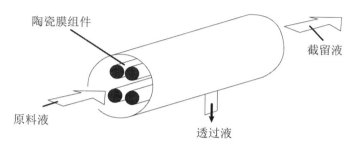

图 4.1.5   管式膜组件示意图

以压力为驱动的膜分离过程中,微滤和超滤中常用的陶瓷膜组件可看成一种管式膜组件。无机陶瓷分离膜具有陶瓷材料的以下优异性能:① 化学稳定性好,在酸碱和有机溶剂环境下保持稳定。② 抗腐蚀性强,可以承受锈蚀以及微生物的侵蚀。③ 机械强度优异,可以承受高压操作以及反向冲洗操作。④ 耐高温性能强,可以在高温的环境下工作。这些优异的性能是很多有机聚合物膜所不能达到的。陶瓷膜组件在海水淡化和油水分离过程中都有着重要的作用。

3. 螺旋卷式膜组件

卷式膜组件实际是平板式膜组件为了适应更大的装填面积而进行的升级。如图 4.1.6 所示,将一片或两片膜片以中心管为圆心进行缠绕卷制,以密封胶密封流道,夹层中包含流道板和膜,流道板控制截留液、透过液的出口方向。流道板既可以提供料液流道又可以促进料液形成湍流的流动形态,提高传质系数。流道板中隔网的材质及形状(菱形、方形、圆形等)是提高传质效率的关键。

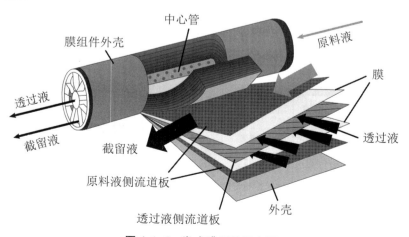

图 4.1.6   卷式膜组件示意图

卷式超滤膜组件由于具有较大的装填密度、占地小、设备紧凑等优势,在工业用水处理、原料液浓缩过程中被广泛应用,在实际应用中,经常把卷式膜组件串联起来,膜面积会显著增大,处理量也会翻倍。卷式膜组件在工作状态下,待分离的原料液从一侧流道板的间隙中进料,经过外部加压作为推动力,透过液从中心管上的孔道流出。但是卷式膜组件在应用中也存在一个显著的问题,即膜污染不容易受到控制。流道狭窄,再加上流道板中隔网的厚度有限,导致对料液的黏度及浓度要求较高,黏度高的料液中有微粒时,很容易发生膜污染并且加大液体的流动阻力,这两点无疑会限制卷式膜组件的工业应用范围并且加大膜组件的能耗。因此,需要对应用于卷式膜组件的原料液进行预处理,这无形中增大了卷式膜的使用成本。

4. 中空纤维式膜组件

中空纤维式膜组件的填充率在各类膜组件中最高。对中空纤维式膜组件的研究集中在如何通过管层及外壳的结构优化实现传质效率的提高。内压式中空纤维超滤膜组件:分离层在膜丝的内表面,原料液通过增压泵从膜丝内部进入,在中空膜丝的内腔流动;透过液在压力的作用下由内向外渗透过膜孔,由外壳收集,流出超滤系统。外压式中空纤维超滤膜组件:分离层在膜丝的外表面,原料液通过增压泵从膜丝外部进入外壳,原料液在膜丝外部流动;流体压力作用于膜的外表面,使透过液由外侧向内侧渗透,经中空纤维膜内壁收集,流出超滤系统。如图 4.1.7 所示。

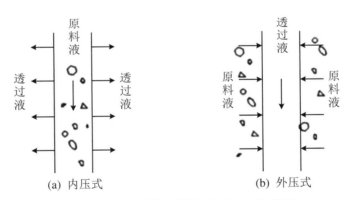

图 4.1.7　中空纤维式膜组件流动方式示意图

平板式、管式、卷式、中空纤维式膜组件实物图见二维码 4.1.1。

二维码 4.1.1　几种膜组件实物图

表 4.1.2 总结了几种常见超滤膜组件类型的优缺点及目前使用状况。

表 4.1.2 超滤膜组件特性

类型	优点	缺点	使用状况
平板式	构造组装简单、牢固、紧凑;可以在高压下操作,性能稳定	密封较复杂,装置成本高;流动状态不好,易堵塞,不易清洗;装填密度小,单位体积的有效膜面积较小,处理能力低	进料要求相对较低,适用于溶液浓缩。适用于小容量规模,目前已商业化
管式	结构简单,安装、操作方便,易于清洗和更换;耐较高压力,压力损失小,流动状态好,浓差极化易控制	装置成本高,价格昂贵;膜的堆积密度小,占地面积大,能耗大;管口密封困难	适用于中小容量规模,目前已商业化
卷式	结构紧凑、造价低廉,膜更换的投资较低;单位体积内的有效膜面积大;耐高压,低能耗	不易密封,膜组件的制作工艺复杂、要求高;不能反洗,料液的预处理要求严格	适用于大容量规模,目前已商业化
中空纤维式	装填密度高,造价相对较低;通量大,操作压力低,浓差极化容易控制,可反洗;不需要支撑材料	制作工艺复杂,对膜材料种类有特别限制;不能在高压下工作;原料的预处理成本高	适用于大容量规模,目前已商业化

三、实验装置和试剂

（1）装置。SY-MU2010 切向流多功能板框,蠕动泵,阀门,压力表,量筒,秒表。
（2）试剂。纯水。

四、实验步骤

扫描二维码 4.1.2,了解平板式膜组件组装实验步骤。

二维码 4.1.2 平板式膜组件组装实验操作视频

1. 平板式超滤膜组件制作

自主设计实验方案,进行超滤膜、硅胶垫片、隔网裁剪,制成所需流道。将已经剪裁好的超滤膜、硅胶垫片、流道进行膜堆组装,超滤膜采用膜膜相对的方式进行组装,一个重复单元的内部结构示意图如图 4.1.8 所示。实验至少完成一个重复单元的膜堆组装。将膜堆固定在 SY-MU2010 切向流多功能板框的端板上,用扳手拧好固定螺栓和螺母,注意用力均匀,避免硅胶垫片或流道发生变形，导致膜堆漏水。

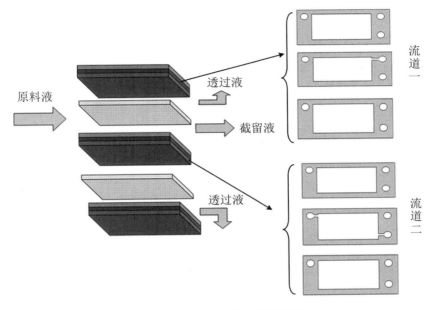

图 4.1.8　超滤膜组件内部示意图

2. 水通量测量

将制作好的超滤膜堆连接蠕动泵与压力表，获得 SY-MU2010 切向流超滤系统。原料液由蠕动泵输送到膜组件中，原料液流过膜表面。通过调节膜组件截留侧出口阀的开度，控制超滤操作压力。在压力驱动下部分溶液透过膜，形成透过液，透过液从一侧管道流出，未透过液体为截留液，从另一侧管道流出。实验采取截留液循环操作的方式，最终得到所需透过液，其实验装置示意图如图 4.1.9 所示。

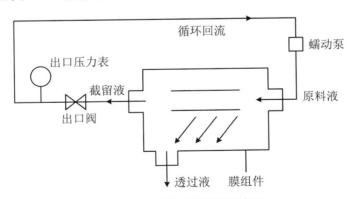

图 4.1.9　超滤实验装置示意图

膜的纯水通量是指料液为纯水时，单位时间透过纯水的体积。本实验在压力 0～0.2 MPa 下完成至少 5 个压力下的纯水通量的测定。操作压力可由截留侧压力表读出，用量筒测量透过膜的纯水的体积，用秒表记录时间。

五、实验注意事项

(1) 膜组件组装过程中,注意透过液、截留液两种不同流道方向的正确选择,防止发生串液。

(2) 固定时注意螺栓和螺母用力要均匀;如果装置发生漏液,请进一步压紧装置;如果情况得不到改善,需要重新实验。

(3) 膜纯水通量实验结束后,将装置拆开恢复原样。要对使用过的各个零件个数和类型进行清点。

六、实验结果与分析

参考表 4.1.3 进行数据记录与整理。

表 4.1.3　室温下不同操作压力条件结果

操作压力(MPa)	0.010	0.125	0.150	0.175	0.200
透过液体积(mL)					
时间(s)					
纯水通量(mL · s^{-1})					

七、思考题

(1) 超滤膜组件除了平板式,还有哪些类型? 试比较组件类型的优劣。

(2) 外围设备连接过程中,如果将截留调节阀位置接错会有什么现象?

▶ 实验 2　超滤法分离明胶蛋白水溶液实验

一、实验目的

(1) 熟悉超滤的基本原理、平板式超滤器的结构及基本流程。

(2) 掌握超滤实验主要参数纯水通量、截留率的测量方法。

(3) 了解超滤器污染的原因及相应对策。

二、实验原理

1. 超滤膜分离原理

超滤膜对溶质的分离过程主要有以下三种方式:

（1）溶质在膜表面的截留（筛分）作用。

（2）溶质在膜孔内壁面以及膜孔内的吸附（一次吸附）沉积作用。

（3）溶质在膜孔中停留被去除（阻塞）。

一般认为超滤是一种筛分分离过程。当溶液体系由水泵进入超滤器时，在超滤器内的膜表面发生分离，其分离原理如图4.1.10所示。在静压差的推动力作用下，溶剂（水）和其他小分子溶质透过具有不对称微孔结构的滤膜，原料液中的溶剂和小分子溶质粒子从高压的原料液侧透过膜进入低压侧，称为透过液，大分子溶质和微粒（如蛋白质、病毒、细菌、胶体等）被滤膜截留，使它们在截留液中的浓度增大。按照这样的分离机理，溶质被截留是因为溶质分子太大，不能进入膜孔；或由于大分子溶质在膜孔中的流动阻力大于溶剂和小分子溶质，不能进入膜孔。但膜表面的化学性质也是影响超滤分离的重要因素，其影响表现为被截留的物质与膜材料的相互作用，相互作用包括范德华力、静电引力、氢键作用力等。

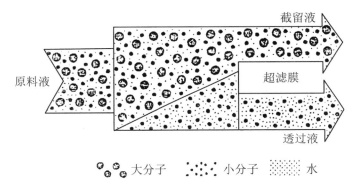

图 4.1.10　超滤技术原理示意图

2．超滤膜分离重要性质参数

膜切割分子量是超滤的重要性质参数，主要是用截留分子曲线法测定。一般方法是用分子量差异不大的溶质在不易形成浓差极化的操作条件下，将表观截留率为90%～95%的溶质分子量定义为截留分子量，溶质通常采用球形分子，常见的基准物质及其相对分子量见表4.1.4。

表 4.1.4　常见的基准物质及其相对分子量

基准物质	相对分子量	基准物质	相对分子量	基准物质	相对分子量
葡萄糖	180	维生素 B-12	1350	卵白蛋白	45000
蔗糖	342	胰岛素	5700	血清蛋白	67000
棉子糖	594	细胞色素 C	12400	球蛋白	160000
杆菌肽	1400	胃蛋白酶	35000	肌红蛋白	17800

截留曲线的形状与孔径分布有关，当孔径分布均匀时，曲线形状陡峭，称为锐分割；当孔径分布很宽时，曲线变化平缓，称为钝分割（图4.1.11）。锐分割的性能虽好，但能达到此性能的膜几乎没有，目前供应的商品膜性能介于二者之间。一般来说，如果膜的截留率为0.9和0.1时的分子量相差5～10倍，即可认为是性能良好的膜。

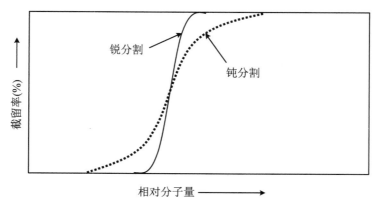

图 4.1.11 超滤截留分子量曲线

表征超滤膜性能的参数除截留分子量外,还有截留率和膜的纯水通量。截留率是指对一定分子量的物质来说,膜所能截留的程度,其定义为

$$R = \frac{C_f - C_p}{C_f} \tag{4.1.1}$$

式中,C_f 为料液浓度;C_p 为超滤液浓度。

膜的纯水通量是指料液为纯水时,单位时间透过纯水的体积,本实验在 0.13~0.3 MPa 压力下测定。

三、实验装置和试剂

(1) 装置。平板式超滤装置,量筒,秒表。图 4.1.12 为本实验的流程示意图,料液先放入料液槽,由泵供给,旁路阀 3 用以调节进料流量,用出口阀 4 调节进出口压力,料液泵入系统后,超滤液用一排塑料收集管收集,截留液进入料液槽循环。

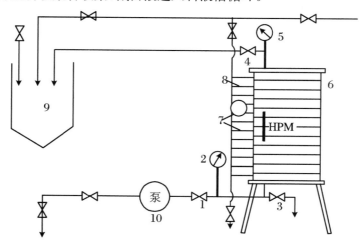

图 4.1.12 超滤实验流程示意图

1. 进口阀; 2. 进口压力表; 3. 旁路阀; 4. 出口阀; 5. 出口压力表; 6. 平板式超滤器主体; 7. 滤出软管; 8. 滤出总管; 9. 储液槽; 10. 多级离心泵

（2）试剂。明胶。

四、实验步骤

（1）关闭进口阀1，向料液槽加入一定量的自来水（水位高于泵体，足够整个系统循环），打开泵的排气孔，排出泵内空气后，再拧紧。

（2）合上电源，启动泵，打开出口阀4，并半开进口阀1，然后从小到大不断关闭出口阀，使出口压力表的读数由小到大发生变化（注意不能超过压力表的量程范围），每改变一次压力，记下纯水的通量（用量筒量取透过膜的纯水的体积，并记下时间）。

（3）测定完毕后，先打开出口阀，再关闭进口阀，停止进料泵。

（4）在料液槽内加入适量的明胶，使料液中明胶的浓度大致为0.4%。

重复上述（1）～（2）步骤，并记下超滤通量，实验结束前，分别取原料液、超滤液、截留液各50 mL，分析其中明胶的含量（分析方法见本实验后附录）。

（5）实验结束后，要对组件进行清洗，洗涤时，进口压力约为0.2 MPa，操作过程同（1）～（3）步骤，使清洗液在系统内循环。清洗程序如下：

① 用热自来水（40 ℃左右）清洗一遍。

② 用 $0.1 \text{ mol} \cdot \text{L}^{-1}$ NaOH水溶液清洗一遍。

③ 用热自来水（40 ℃左右）再清洗一遍。

④ 最后用室温下自来水清洗若干遍（每换一次洗液，都要重复（1）～（3）步骤）。

五、注意事项

（1）在实验过程中，进料槽内的液体不能降低到使进料泵吸入空气的水平高度，吸入空气会使泵及膜受到损坏。

（2）所使用的压力不能超过表的读数范围，应控制在0.6 MPa以内。

（3）应遵循原则：开时，先开电源，再开进口阀；关时，先关进口阀，再关电源。

（4）明胶先溶于热水中，再稀释，料液槽内应为均一的溶液，不能有不溶物，否则泵易受损。

六、实验结果与分析

参考表4.1.5进行数据记录与整理。

表 4.1.5 超滤实验数据记录表

料液	实验序号	进口压力(MPa)	出口压力(MPa)	平均压力(MPa)	通量(mL·s⁻¹)	原料液明胶浓度(g·L⁻¹)	超滤液明胶浓度(g·L⁻¹)	截留液明胶浓度(g·L⁻¹)
纯水	1							
	2							
	3							
	4							
	5							
	6							
	7							
明胶水溶液	1							
	2							
	3							
	4							

七、思考题

(1) 纯水通量与压力有什么关系?

(2) 为什么本实验超滤液与原料液的成分差别很大,而截留液与原料液的组分差别却不大?

(3) 对于纯水来说,无论压力增加多大,通量均随着压力的增加而增加,而对于明胶水溶液来说,在初始压力增加时,通量几乎随着压力成正比增加,而当压力增加到一定值后,通量几乎不会随着压力而增大,为什么?

附一　明胶水溶液浓度测定法

一、明胶标准水溶液的配制

(1) 称取明胶 0.500 g,溶于 500 mL 水中,配成 1.000 g·L⁻¹ 明胶标准水溶液。

(2) 量取 1 mL 上述明胶溶液,置于 100 mL 容量瓶中稀释到刻度。此溶液为 0.010 g·L⁻¹ 明胶标样。

(3) 量取 1.000 g·L⁻¹ 标准溶液 2 mL,置于 100 mL 容量瓶中稀释至刻度,配成 0.020 g·L⁻¹ 标样。量取 3 mL、4 mL……以此类推,配制 8 个标准样品,浓度分别为

$0.000 \text{ g} \cdot \text{L}^{-1}$、$0.001 \text{ g} \cdot \text{L}^{-1}$、$0.003 \text{ g} \cdot \text{L}^{-1}$、$0.006 \text{ g} \cdot \text{L}^{-1}$、$0.010 \text{ g} \cdot \text{L}^{-1}$、$0.020 \text{ g} \cdot \text{L}^{-1}$、$0.030 \text{ g} \cdot \text{L}^{-1}$、$0.040 \text{ g} \cdot \text{L}^{-1}$。

（4）选取任一个标样用紫外-可见分光光度计进行光谱扫描,测定其最大吸光度值,选择最佳吸收波长 209 nm 作为定量测量的吸收波长。

（5）在 209 nm 条件下,将以上配制的标样进行吸光度测量,作出浓度与吸光度关系的标准曲线。

二、待测样品的配制

（1）用烧杯分别取原料液、超滤液、截留液若干待用。

（2）移取 1 mL 原料液至 100 mL 容量瓶中,稀释至刻度。

（3）移取 1 mL 超滤液至 100 mL 容量瓶中,稀释至刻度。

（4）移取 1 mL 截留液至 100 mL 容量瓶中,稀释至刻度。

（5）在以上标准曲线的条件下,用紫外-可见分光光度计分别测定其浓度。

附二　TU-1901 紫外-可见分光光度计操作程序

一、仪器预热

（1）打开计算机开关。

（2）打开光度计开关。

（3）双击计算机显示屏幕上的"UVWin5 紫外软件 v5.0.5"图标,出现 TU-1901 紫外窗口和初始化工作画面,计算机对仪器进行自检并初始化(滤色片电机、狭缝电机、扫描电机、光源电机、氘灯能量、波长检测、钨灯能量、初始化参数),每项自检后在相应的项目后显示"确定"。整个过程完成要 3~4 min。初始化后,等待 15~30 min 预热。仪器稳定后开始测量。

二、光谱扫描

（1）点击"光谱扫描",打开光谱扫描窗口。

（2）单击"参数设置"按钮或任务栏"测量"中的"参数设置",修改扫描参数。

① 测量。

光度方式	Abs
显示范围	最大　1.000
	最小　0.000
扫描参数	起点　300.00

终点　190.00

速度　快

间隔　1.0 nm

② 仪器。

氘灯

光谱带宽　　　　　　　　　　2.0 nm

响应时间　　　　　　　　　　0.2 s

换灯波长　　　　　　　　　　359.9 nm

③ 附件。

附件　　　　　　　　　　　　固定样品池

（3）基线校正。① 将空白样品放入样品架中，点击"校零"按钮或点击任务栏"测量"中的"自动校零"进行基线校正。

② 将靠近操作者的样品架中的样品池换上标准样品，单击"开始"进行光谱扫描，测量最大吸收值，选择最佳吸收波长。

三、定量测量

（1）选择"定量测量"窗口，点击一下"定量测定"，进入主页面。

（2）单击任务栏"测量"主菜单，打开"参数设置"窗口。

① 点击"测量"。

测量方法　　　　　　　　　　单波长

主波长　　　　　　　　　　　209 nm

重复测量　　　　　　　　　　√

重复次数　　　　　　　　　　3 次

② 点击"曲线校正"。

曲线方程　　　　　　　　　　$Abs = f(c)$

方程次数　　　　　　　　　　1 次

浓度单位　　　　　　　　　　$g \cdot L^{-1}$

浓度法

③ 点击"仪器"。

氘灯

光谱带宽　　　　　　　　　　2.0 nm

响应时间　　　　　　　　　　0.2 s

换灯波长　　　　　　　　　　359.9 nm

④ 点击"附件"。

附件　　　　　　　　　　　　固定样品池

参数设置完毕后点击"确认"。

（3）标准样品测量。① 测量样品前应对空白样品进行基线校正,以消除比色皿和溶剂的误差。两个比色皿中均加入蒸馏水,再分别放入参比样品架(前)和测量样品架(靠近操作者),单击屏幕上方的"校零"按钮或单击"测量",选择"自动校零"。

② 将配制好的 8 个标准样品从低浓度到高浓度逐个进行吸光度测量。

③ 得到测量值后与输入的浓度值进行曲线拟合,仪器将计算出方程的系数与相关性并给出标准工作曲线。

（4）将未知样品放入样品池,单击"开始"按钮,测量结果将显示在屏幕上,样品浓度是 3 次测量平均值,单位是"$g \cdot L^{-1}$"。更换样品,重复以上步骤。

将待测样品的浓度值记下。

四、结束

（1）实验结束后取出比色皿洗净,放入比色皿盒内。

（2）退出 TU1901-UVWin5。

（3）关闭 TU-1901 紫外-可见分光光度计。

（4）关闭计算机。

▶ 实验 3　超滤法分离茶叶中茶多酚实验

一、实验目的

（1）了解膜污染产生的原因和解决对策。

（2）熟悉平板式超滤器的原理、结构及基本流程。

（3）了解温度、压力、流量及物料分子量等因素对通量的影响。

二、实验原理

1. 超滤膜污染主要表现

超滤膜污染机理主要决定于原料液的性质、膜表面物化性能和膜分离操作条件,这三个方面在不同情况下,对膜污染的影响程度也有所不同。膜污染主要表现为出现浓差极化、产生膜孔的堵塞和形成滤饼层。

（1）浓差极化。原料液在处理过程中使膜的表面料液浓度 C_G 远高于主体液的浓度 C_B,从而使膜面上溶质的局部浓度增加,即边界层流体的阻力增加,导致传质推动力下降,膜的渗透率降低。溶质在膜表面的浓度因超过其浓度积而开始污染沉积并堵塞膜孔,导致溶剂渗透通量下降、膜分离性能改变。膜污染严重时,污染层相当于在膜表面上形成一层薄膜,其势必导致反渗透膜渗透性能的大幅度下降甚至完全消失。对某些体系,当膜表面溶质浓度超过一定值时(即凝胶浓度),该溶质在膜表面上将形成凝胶层,此时膜的传递过程将从浓差极化型向凝胶模型转化,如图 4.1.13 所示。一般来讲,凝胶层的形成过程是不可逆的,从而造成对膜的污染,使膜的渗透速率显著减少,溶质的截留率提高。

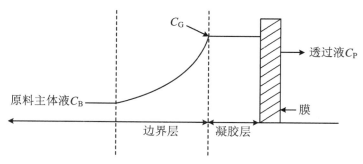

图 4.1.13　浓差极化示意图

（2）膜孔的堵塞。由于被分离的物质和膜表面滋生的微生物在膜表面或膜孔内产生沉积吸附,大量的污染物附在膜孔壁上造成膜孔的堵塞,使膜孔体积减小、有效膜面积变小,导致膜通量降低,或恒通量操作条件下压力升高。

（3）形成滤饼层。大颗粒在膜表面逐渐累积形成沉淀层,随着过滤时间的延长、操作压力的升高,膜表面形成的滤饼层逐渐被压密,使透过液阻力增加,膜通量降低。

2. 原料液的性质对膜污染的影响

原料液中组分与膜材料的相互作用是影响膜污染最主要的因素。原料液的性质主要包括原料液 pH、离子组成、离子强度和颗粒粒径分布等,这些条件都影响着膜的污染。

（1）原料液 pH。pH 变化会改变有机物的物理化学性能,从而对膜过滤性能产生影响。比如水中的天然有机物如腐殖酸在中性环境下带负电荷,原料液的 pH 下降导致腐殖酸类有机物的质子化,由于羧酸类官能团的电荷被掩蔽,它们之间的相斥作用减弱,从而导致大量的有机物沉积在膜表面或膜孔内部,致使通量下降。

（2）离子组成和离子强度。由于钙、镁等硬度物质广泛存在于天然水、海水中,高价阳离子对膜污染的促进作用不容忽视。多种金属阳离子,如钙、镁会与有机物发生螯合作用。螯合作用的结果是腐殖酸上的官能团受到掩蔽,有机物的电负性下降,这使得有机物容易接近并吸附在膜表面或膜孔内部;官能团掩蔽的另一个结果是官能团之间的相斥作用减弱,这使得有机物容易进入膜孔内部。

（3）颗粒粒径分布。当溶质粒子大小与膜孔相近时,溶剂在驱动压力下渗透过膜,把粒子也带向膜孔,极易产生膜堵塞作用,使得膜通量下降;而当粒子或溶质尺寸大于膜孔径时,因为错流作用,在膜表面很难沉淀聚集,所以不易堵孔。

3. 膜的性质对膜污染的影响

膜的性质包括膜材质、膜材料的物化性能以及由膜材料的分子结构决定的膜的荷电性、亲疏水性、膜孔径大小、粗糙度等。

（1）膜的亲疏水性。有研究发现亲水性膜不容易与混合液中蛋白质类污染物结合,从而减少了大分子有机物和生物类污染物质在膜上的吸附。膜的亲疏水性可通过测量接触角来表征,接触角介于 $0°\sim 90°$ 范围为亲水性膜,接触角介于 $90°\sim 180°$ 范围,呈疏水性膜。随着角度变大,疏水性增强。为了改变膜的疏水性质或提高膜的亲水性,通常对膜材料进行表面改性,如紫外辐射改性、表面活性剂改性等,进而提高膜的抗污染性能。

（2）膜的荷电性。膜的荷电性是膜表面在溶液中带电特性的一个重要表征参数,当膜所带电荷性与溶液所带电荷性相同时,产生电斥力能够减轻膜污染。一般原料中都有带负电荷胶团的粒子和杂质,所以选择带负电荷的膜材质,防止膜污染。工程上一般选择膜材料电荷与溶质电荷相同的亲水膜。

（3）膜孔径大小。理论上讲,在满足截留要求的前提下,应尽量选择孔径或截留分子量较大的膜,从而得到较高的膜通量。但是实验发现,在保证能截留所需粒子或大分子溶质的前提下,选用较大的膜孔径,并不能得到更高的透水量,因为膜孔径较大时,混合液中相当数量的胶体会进入膜孔内部,从而引起膜孔堵塞,加速了膜污染,使透过液通量下降;孔径越小,流体阻力则越大,通量也就越小。因此对于某一特定的原料液,存在最佳膜孔径范围。

4. 运行操作条件对膜污染的影响

运行操作条件主要包括操作压力、膜过滤通量、反洗条件、膜面速度和运行温度等,合理的运行操作条件对控制膜污染非常关键。超滤通常可分为两种操作模式:死端过滤和错流过滤。两种操作模式示意图见图4.1.14。

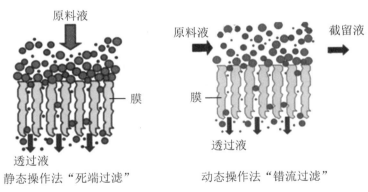

图4.1.14　超滤常用的两种操作模式示意图

死端过滤:又称全过滤,在死端操作模式下,所有原料液在推动力作用下被强制透过超滤膜,被截留组分的浓度随时间不断增加,膜表面污染物逐渐积累,持续形成污染层。在恒压力运行条件下膜通量逐渐降低,恒膜通量运行条件下操作压力迅速上升,需要周期性频繁地清洗膜面的污染层或更换膜。现在大多工业超、微滤膜装置采用死端过滤方式,或者采用低压和近似于死端过滤的运行模式。基本上不考虑较高的料液流速(保持膜面高剪切速率,以降低浓差极化)和压力。死端过滤回收率高,但浓差极化和膜污染现象严重,膜通量下降十分迅速。

错流过滤:又称交叉流过滤,在错流操作下,原料液被分成两股——透过液和截留液,透过液垂直透过膜,截留液平行流经膜面,原料液沿膜面位置不同,原料组成逐渐变化,因此其发生污染的趋势相对较低;同时,产生的剪切力对进水侧的膜表面起到水力冲刷的作用,把膜面上沉积的颗粒带走。另外,降低了膜表面的浓差极化,使污染层不再无限地增厚而保持在一个较薄的稳定水平,有利于膜通量在较长一段时间内保持相对高的水平或抑制跨膜压差的增长。

当原料液浓度较高时,多采用错流过滤方式,有利于控制污染,但其回收率相较于死端过滤要低很多。

(1)操作压力。一般认为超滤实验过程存在一临界压力值,当操作压力低于临界压力时,膜通量随压力的增加而增加;而高于此值时会引起膜表面污染的加剧,通量随压力的变化不大。临界操作压力随膜孔径的增加而减小。

(2)膜面流速。有研究采用错流过滤、稳态湍流过滤、不稳定流体流动过滤等方法来改变膜面流速,进而降低膜污染增长速率和控制浓差极化进程。错流过滤是主体流动方向平行膜表面的过滤过程,可通过提高错流速度使流体处于稳态湍流,这是控制浓差极化和膜污染最简单的方法。但在实际应用中,当流速增大到一定程度后,再提高流速对膜过滤性能影响不大,甚至会出现通量下降的现象。

在超滤过程中,当大分子在膜表面的沉积速度,与流经膜表面时由速度梯度和浓度梯度产生的剪应力和浓差极化引发的颗粒反向扩散的速度,达到平衡时,可以控制浓差极化层处于一个比较稳定的值。此时,超滤处于拟稳态状态,膜渗透速度可以在一段时间内保持在相当高的水平上。在管式膜和平板式膜错流操作中,主体悬浮液错流速度一般可以从 $0.1\ \mathrm{m\cdot s^{-1}}$ 到 $1\ \mathrm{m\cdot s^{-1}}$,膜表面处的剪应力可达数十帕。

(3)运行温度。温度对膜过滤性能的影响是因为升高温度使水分子的活性增强,黏滞性减小,故产水量增加;反之,则产水量减少。超滤过程流体的温度会直接影响传质过程的压差,保持超滤过程透过液通量稳定,提高流体温度,膜压差降低;降低流体温度,膜压差升高。因此,即使是同一超滤系统在冬天和夏天的产水量的差异也是很大的,超滤过程流体的主体温度应控制在 $20\sim30\ ^{\circ}\mathrm{C}$ 范围内。

我国作为世界茶叶生产和消费大国,生产茶饮料是国内饮料的一个发展方向。但在茶饮料生产过程中,由于茶水中的多酚类物质和水溶性蛋白质等络合形成絮状沉淀,茶饮料冷却后出现浑浊沉淀现象。茶多酚是茶叶中酚类物质及其衍生物的总称,其主体是儿茶素,为茶叶中特有的成分,其具有延缓衰老、抑制肿瘤、降胆固醇和预防龋齿等功效。实验尝试通过超滤方法对茶多酚进行有效分离。

三、实验装置和材料

(1)装置。小型平板膜设备 GY-UF-05(购于合肥科佳高分子材料科技有限公司,本实验中茶多酚在透过液侧),抽滤装置,紫外-可见分光光度计(TU-1901),烘箱,球形碾磨机,恒温加热磁力搅拌器,分析天平,数字酸度计,蠕动泵。实验装置示意图见图 4.1.9。

(2)材料。黄山毛峰茶叶。

四、实验步骤

1. 茶原液的准备

原液配制:将茶叶放入烘箱 80 ℃烘干,置入球形碾磨机碾碎,以投料质量比为 $1:20$ 加入水,加热溶解。

原液预处理:将上述所得溶液进行抽滤,简单除去较大固体沉淀颗粒,所得料液冷藏。

2. 纯水通量测量

将小型平板膜设备 GY-UF-05 连接上蠕动泵与压力表,获得切向流超滤系统。超滤实验前后都要进行膜纯水通量测量及膜清洗操作。通过蠕动泵控制原料液的流量,调节截留侧泵的出口阀控制操作压力,在不同的操作压力下,完成纯水通量测量。在 0~0.2 MPa 压力下,至少完成 5 个操作压力的纯水通量实验,获得相应的膜通量数据。

3. 茶多酚分离实验

应用小型平板膜设备 GY-UF-05 切向流超滤系统进行茶多酚的超滤分离效果实验。通过蠕动泵调节原料液流量,通过截留侧出口阀门调节操作压力,通过水浴控制进料温度,进行超滤实验,得到透过液与截留液。

(1) 通过酸度计测量原料液、透过液和截留液的 pH。

(2) 将料液稀释 100 倍放入紫外-可见分光光度计中扫描图谱,以 540 nm 为茶多酚吸收峰,通过吸光度的大小进行茶多酚的定量比较。

4. 设备清洗

膜清洗实验具体步骤:首先配制 pH 约为 12 的 NaOH 溶液,进行超滤操作 30 min,再用清水进行超滤 30 min,直至水通量与纯水通量实验数据基本吻合,每次实验后都要进行设备清洗,保证实验的重复性和准确性。

五、实验注意事项

(1) 实验前后对超滤器进行清洗和纯水通量实验,确保组件无污染、无损坏。

(2) 通过水浴控制进料的温度,注意观察水浴锅温度变化。

六、实验结果与分析

(1) 参考表 4.1.6 和表 4.1.7 进行数据记录与整理。

表 4.1.6　室温下不同操作压力条件结果

操作压力(MPa)	0.010	0.125	0.150	0.175	0.200
原料液 pH					
透过液 pH					
截留液 pH					
540 nm 原料液吸光度					
540 nm 透过液吸光度					
540 nm 截留液吸光度					
透过液茶多酚收率					

表 4.1.7 相同操作压力不同温度条件结果

温度（℃）	室温	30	40	50	60
原料液 pH					
透过液 pH					
截留液 pH					
540 nm 原料液吸光度					
540 nm 透过液吸光度					
540 nm 截留液吸光度					
透过液茶多酚收率					

（2）绘制水通量曲线。

（3）根据吸光度值计算茶多酚的收率。

七、思考题

（1）讨论超滤膜污染产生的原因及如何减少污染的产生。

（2）尝试通过不同温度下的实验，讨论操作温度对透过效果的影响。还有其他什么因素影响超滤的分离效率和膜污染？

实验二 扩散渗析综合实验

扩散渗析是一种以浓度差作为推动力的膜分离技术，由于其具有操作简单、低能耗、无二次污染等优势，被广泛地应用于各种产生废酸碱的领域：钢铁工业、钛材加工、稀土工业、钨矿工业等。

扩散渗析过程的核心在于两点：① 离子交换膜两侧溶液的浓度差。② 离子交换膜的选择透过性。按照离子交换膜的种类来划分，扩散渗析可分为阴离子交换膜扩散渗析和阳离子交换膜扩散渗析。阴离子交换膜扩散渗析主要用来回收酸盐混合物中的酸，而阳离子交换膜扩散渗析主要用来回收碱盐混合物中的碱。离子交换膜的性质（包括膜结构、固定基团种类等）均会对扩散渗析的过程有一定的影响。扩散渗析过程的推动力主要是溶液的浓度差，因此要求扩散渗析膜具有一定的水含量，来提高酸或碱的渗析速率。然而，为了提高酸盐或碱盐体系的分离系数，水含量也不能太高，因此，不是所有的离子交换膜都可以用在扩散渗析的过程中。特别对于用于酸盐分离的阴离子交换膜，要求膜在酸液中要有较好的稳定性，同时对 H^+ 要有高的渗透性，对金属离子要有强的排斥力。图 4.2.1 为阴离子交换膜扩散渗析回收钢铁废酸中 HCl 示意图，阴离子交换膜选择通过 Cl^-，对阳离子 Fe^{2+} 具有很好的排斥性，同时对 H^+ 要有高的渗透性，实现 HCl 的回收；相同地，对于用于碱盐分离的阳离子交换膜，要求膜要有良好的耐碱性，同时对 OH^- 要有高的渗透性，对阴离子要有强的排斥力。

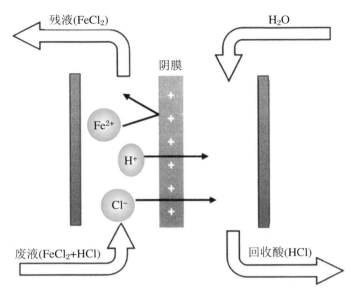

图 4.2.1　阴离子交换膜扩散渗析回收钢铁废酸中 HCl 示意图

▶ 实验 1　扩散渗析平板式膜组件组装实验

一、实验目的

（1）了解常见扩散渗析器的组件类型和结构。

（2）学会平板式扩散渗析膜组件的制作。

（3）熟悉平板式扩散渗析过程的原理、结构及基本流程。

二、实验原理

扩散渗析组件是扩散渗析过程的核心元件,优质的阴/阳离子交换膜是扩散渗析过程的基础。近年来由于膜的性能获得很大的提高,扩散渗析过程研究越来越受关注。卷式扩散渗析膜组件也被开发出来。扩散渗析膜组件大致可以分为三种类型。

1. 静态扩散渗析池

第一种是实验室研究所用的静态扩散渗析池,通常由有机玻璃制备,分为两个隔室（一个渗析室（料液室）,一个扩散室）,两个隔室之间用离子交换膜隔开。该装置主要是用于实验室研究,可以简单快速测试离子交换膜的渗析系数和分离因子,便于对扩散渗析过程进行理论研究。图 4.2.2 是静态扩散渗析装置示意图。

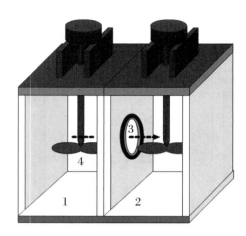

图 4.2.2　静态扩散渗析装置示意图
1. 渗析室；　2. 扩散室；　3. 离子交换膜；　4. 搅拌棒

2. 平板式扩散渗析组件

平板式扩散渗析组件包括一定数量的重复单元,每个单元都包括由离子交换膜和流道板隔开的渗析室和扩散室。封端板正面设计有扩散室和渗析室出入口,一般扩散室入口为扩散液,出口为回收液,渗析室入口为原料液,出口为截留液。组件如图 4.2.3 所示,原料液和扩散液在组件内部呈逆流流动方式。这种组件是最常见、应用最多的,已经被成功地商品化生产。我国山东天维膜技术有限公司成功研制出应用于酸回收的扩散渗析器,将其应用在钛白粉生产、钢铁制备、湿法冶金等行业中回收酸,取得了良好的经济效益和社会效益。

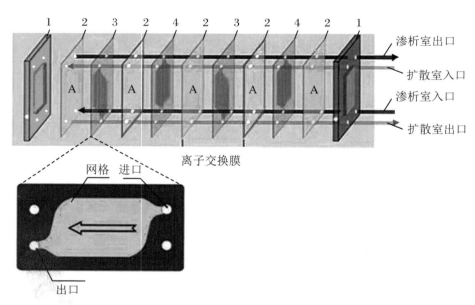

图 4.2.3　平板式扩散渗析组件示意图(以阴离子膜为例)
1. 封端板；　2. 膜(A:阴离子膜)；　3. 扩散液流道板；　4. 原料液流道板

3. 螺旋卷式扩散渗析组件

螺旋卷式扩散渗析组件是为了克服平板式扩散渗析组件体积庞大、不方便运输、传质不充分等缺点应运而生的,组件由中国科学技术大徐铜文教授课题组自主研发。该组件主要特点是结构紧凑、装填密度高、传质效率高、单位膜面积处理量大、易于与其他设备集成等。该组件是将一张离子交换膜夹在两个表面有小孔的半圆形中心管之间,在膜的两面分别衬上流道隔网,之后将膜与隔网围绕中心管卷制形成具有两个流道的圆柱形膜组件主体,最后将该主体密封在圆柱形的 PVC 外壳内。图 4.2.4 是螺旋卷式扩散渗析膜组件截面示意图和组件外观图。

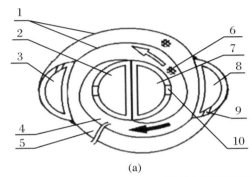

(a)

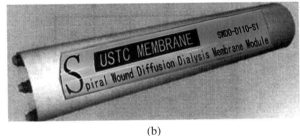

(b)

**图 4.2.4　螺旋卷式扩散渗析膜组件截面示意图(a)
和组件外观图(b)**

1. 离子交换膜;　2. 扩散液出口;　3. 扩散液进口;　4. 扩散液流道;　5. 渗析液流道;　6. 隔网;　7. 渗析液进口;　8. 渗析液出口;　9. 侧流管小孔;　10. 中心管小孔

三、实验装置

CJ-ED-01 多功能膜板框(购于合肥科佳高分子材料科技有限公司),外配容量为 1000 mL 的烧杯 4 只,硅胶管 4 根(约 0.5 m 长);小型潜水泵 2 个。

四、实验步骤

1. 膜组件制作

实验自主设计方案,进行离子交换膜、硅胶垫片、隔网裁剪,制成所需流道板。将已经剪裁好的离子交换膜、硅胶垫片（增加物理空间）、流道板进行膜堆组装。扩散渗析器外管路为两进两出，对应膜堆内部的扩散室进口与出口、渗析室进口与出口。

（1）制作或选用流道板。流道板由隔网和流道组成，一般由工厂定制加工制备。本实验要求剪裁垫片制作流道，用已剪裁好的流道和隔网制作实验中的流道板，实验中只需要两种不同流向的流道板，如图4.2.5所示。分别用于扩散室和渗析室。组装膜堆时，注意扩散室和渗析室流道板方向，避免发生扩散室和渗析室串液，导致实验失败。

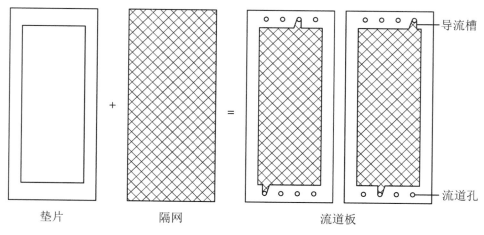

图 4.2.5 流道板示意图

（2）制作平板式扩散渗析器膜堆。完成至少一个重复单元的膜堆组装，将组装好的膜堆固定在端板上，封端板和膜的示意图如图4.2.6所示。按照"前端板—膜—流道板A—膜—流道板B—膜……后端板"的顺序进行组装，如图4.2.7所示。用长杆螺钉压紧并锁紧膜堆。螺钉一共10根，用于压紧装置时注意均匀用力，防止装置变形脆断，导致膜堆漏水。扩散渗析实验中根据待分离的体系选择阴离子交换膜或者阳离子交换膜，形成扩散室和渗析室。前端板四个接口（上下各两个）对应两进两出四个外管路，为扩散室和渗析室的进出口。

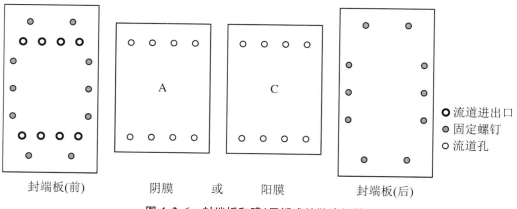

图 4.2.6 封端板和膜（平板式扩散渗析器）

　　制作好的流道板 A 与相邻的膜形成扩散室,流道板 B 与相邻的膜形成渗析室,实验中扩散室入口通入纯水,出口为回收液,渗析室入口通入原料液,出口为截留液。

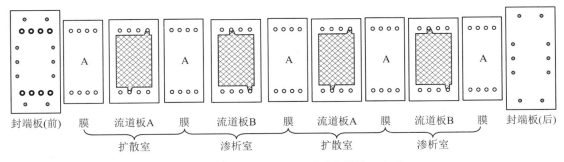

图 4.2.7　平板式扩散渗析器膜堆结构示意图

　　2. 连接外围设备

　　(1) 将端板上相应的接口分别连接出水管和进水管,再将进水管与外置烧杯中的潜水泵出口连接,而出水管的出口端接入此烧杯中,确保循环通路的畅通。开启潜水泵,通入纯水,运行 10 min,检查膜堆的密封性。若发生漏水,重复膜组件制作步骤。

　　(2) 启动潜水泵,通入 0.2 mol·L^{-1} H$_2$SO$_4$ 或者 NaOH(与膜堆中是阴离子交换膜或阳离子交换膜有关),使用 pH 计定性分析残液和回收液的 pH 变化趋势,判断是否发生串液。

　　(3) 实验结束后,用纯水清洗扩散渗析器,步骤参考(1)。

五、实验注意事项

　　(1) 实验前后对扩散渗析器进行清洗,确保组件无污染、无损坏。
　　(2) 实验前后注意清点扩散渗析器上使用的小零件的个数和种类,确保没有遗失和损坏。
　　(3) 组件制作过程,注意流道板的正确使用,确保无串液。

六、思考题

　　(1) 扩散渗析组件有哪些类型? 比较其优劣。
　　(2) 本实验定性分析了截留液和回收液的 pH 变化趋势,什么样的趋势可以说明自制组件没有发生串液? 还有其他的方法可以判断吗?

▶ 实验 2 卷式扩散渗析膜组件回收钛白废酸中的硫酸

扫描二维码 4.2.1,了解卷式扩散渗析虚拟仿真实验。

二维码 4.2.1 卷式扩散渗析虚拟仿真实验

一、实验目的

(1)熟悉扩散渗析技术的基本原理、卷式扩散渗析膜组件的结构及基本操作流程。

(2)熟悉扩散渗析技术在钛白废酸行业中的应用。

(3)了解时间对卷式扩散渗析膜组件性能的影响。

二、实验原理

扩散渗析是高浓度溶液中的溶质透过离子交换膜向低浓度溶液中迁移的过程。扩散渗析的推动力是离子交换膜两侧的溶液浓度差。扩散渗析技术已经有 50 多年的历史了,但是由于膜技术的局限,该技术的广泛应用受到了限制。近年来,膜技术飞速发展,各种各样的功能膜层出不穷,推动了扩散渗析技术的发展。

回收酸盐废液中的无机酸采用的是阴离子交换膜扩散渗析法,如图 4.2.8 所示,在阴离子交换膜的两侧,分别通入酸盐废液及接收液(去离子水)时,废液侧(A 侧)的无机酸及其盐的浓度远高于水侧(B 侧)。由于浓度梯度的存在,该酸及其盐有向 B 侧渗透的趋势。然而,阴离子交换膜是有选择透过性的,首先阴离子膜的骨架本身带正电荷,在溶液中能够吸引带负电荷的水合离子,而排斥带正电荷的水合离子,故在浓度差驱动力的作用下,废液侧的无机酸根离子被吸引而顺利地透过膜进入水侧。其次根据电中性要求,带正电荷的离子也有透过膜的趋势,由于氢离子的水合离子半径较小,电荷较少,而金属离子的水合离子半径较大,又是多价态的,因此氢离子会优先通过膜。这样,废液中的无机酸就被分离出来。以逆流操作为例,在废液出口处,酸侧中的酸虽因扩散而浓度大大降低,但仍比水侧进口中酸的浓度高,加上实际制膜时,可以通过侧基取代控制膜的含水量和孔径,所以扩散渗析对无机酸的回收率均能达到 80% 以上。卷式扩散渗析原理动画见二维码 4.2.2。

二维码 4.2.2　卷式扩散渗析原理

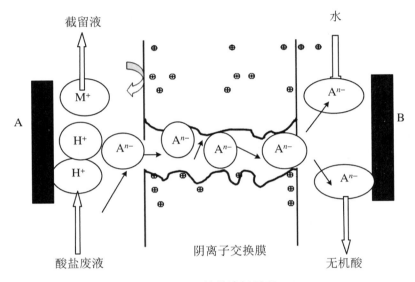

图 4.2.8　扩散渗析原理

此方法由于具有高效、实用、无污染和工艺简单等独特优点,被普遍认为是高效节能的新型分离技术,是解决当代人类面临的能源、资源、环境等重大问题的有效手段,是实现可持续发展战略的技术基础。

用扩散渗析法回收钛白废酸中的硫酸,其中酸回收率计算公式如下:

$$\eta = \frac{C_{rH}Q_r}{C_{jH}Q_j + C_{rH}Q_r} \tag{4.2.1}$$

式中,C_{rH} 为回收酸液中硫酸的浓度,mol·L^{-1};Q_r 为回收酸液的流量,L·h^{-1};C_{jH} 为截留液中的酸浓度,mol·L^{-1};Q_j 为截留液的流量,L·h^{-1}。

亚铁离子的截留率计算公式如下:

$$R = \frac{C_{jFe}Q_j}{C_{jFe}Q_j + C_{rFe}Q_r} \tag{4.2.2}$$

式中,C_{jFe} 为截留液中亚铁离子的浓度,mol·L^{-1};Q_j 为截留液的流量,L·h^{-1};C_{rFe} 为回收酸液中亚铁离子的浓度,mol·L^{-1};Q_r 为回收酸液的流量,L·h^{-1}。

三、实验装置和试剂

（1）装置。本实验使用的卷式扩散渗析装置是自主研发的实验设备,装置由合肥科佳高分子材料科技有限公司加工,整个装置主要包括卷式扩散渗析膜组件一套(中国科学技术大学-黄山永佳膜中心生产,型号为 CJ-SWDD-01,有效面积为 1 m^2),蠕动泵两个(河北保定兰格恒流泵有限公司提供),四个溶液罐(5 L 左右)。进行螺旋式逆流交换的装置示意图见图 4.2.9。废酸置于废酸罐中,从中心管进入膜组件。纯水置于水罐中,从侧管进入膜组件,两者在膜组件中形成螺旋式逆流流动进行传质过程。截留液进入截留液罐中进行回收,回收液进入回收液罐中进行回收。

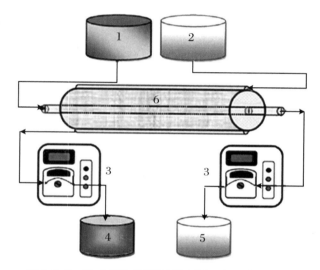

图 4.2.9　卷式扩散渗析装置示意图(螺旋逆流交换)
1. 废酸罐；　2. 水罐；　3. 蠕动泵；　4. 截留液罐；　5. 回收液罐；
6. 卷式扩散渗析膜组件

卷式扩散渗析装置的核心元件为卷式扩散渗析膜组件,膜组件结构图见图 4.2.10。膜组件中心管由两个半圆管组成,每个半圆管的弧顶上有一排小孔。在中心半圆管外侧,流道隔网、阴离子交换膜、隔网、阴离子交换膜交替出现。注意,中心半圆管小孔外围的第一层,一定是流道隔网。

使用装置进行螺旋式逆流交换实验时,废酸从中心管进入膜组件,即从图 4.2.10 和图 4.2.11的进口 7 进入,再通过该中心半圆管的小孔进入流道隔网,顺着流道逆时针流动通过小孔进入侧管,从图 4.2.10 和图 4.2.11 的出口 6 进入截留液罐。水从侧管进入膜组件,即从图 4.2.10 和图 4.2.11 的进口 8 进入,再从该侧管的小孔进入流道隔网,顺着流道顺时针流动,通过小孔进入中心管,从图 4.2.10 和图 4.2.11 的出口 1 进入回收液罐。废酸液(截留液)和水(回收液)的流道始终在膜的两侧,而废酸液(截留液)和水(回收液)在膜两侧的流向相反,即进行螺旋逆流流动,在慢速流动的过程中发生传质。

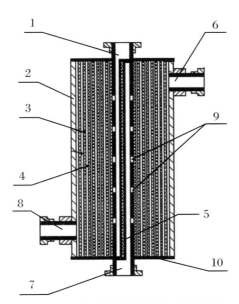

图 4.2.10 卷式扩散渗析膜组件结构图

1. 回收液出口； 2. 侧管； 3. 隔网； 4. 阴离子交换膜；5. 中心半圆管；
6. 截留液出口；7. 废酸液进口；8. 水的进口；9. 小孔；10. 组件端面

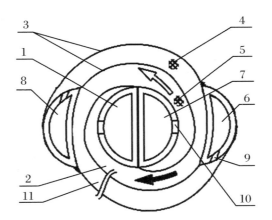

图 4.2.11 卷式扩散渗析膜组件的流道设计图

1. 回收液出口； 2. 回收液的流道； 3. DF-120 阴离子交换
膜；4,5. 流道隔网； 6. 截留液出口； 7. 废酸液进口；
8. 水的进口；9,10. 小孔；11. 废酸液流道

使用装置进行螺旋式顺流交换实验时，废酸与水各从中心半圆管进入流道隔网，在各自的流道中逆时针流动最终进入侧管。废酸液和水在膜两侧进行螺旋顺流流动，进行传质。

(2) 试剂。实验中使用的废酸液是模拟的工业钛白废酸液，由 $FeSO_4 \cdot 7H_2O$ 和 H_2SO_4 溶液混合配制而成，硫酸安全使用虚拟仿真实验见二维码 4.2.3；滴定时用标准 $KMnO_4$ 溶液和标准 Na_2CO_3 溶液。试剂浓度如表 4.2.1 所示。实验中蠕动泵的流速比(截留液与回收液流速比)始终保持为 1:1。流速可调节。

二维码 4.2.3   硫酸安全使用虚拟仿真实验

表 4.2.1   配制的钛白废酸液和标定溶液浓度

$C_{H_2SO_4}$ (mol·L^{-1})	C_{FeSO_4} (mol·L^{-1})	C_{KMnO_4} (mol·L^{-1})	$C_{Na_2CO_3}$ (mol·L^{-1})
0.2	0.5	0.05	0.02

四、实验步骤

扫描二维码 4.2.4,了解卷式扩散渗析回收工业废酸实验步骤。

二维码 4.2.4   卷式扩散渗析回收工业废酸实验操作视频

1. 流道的冲洗与排气

打开仪器总电源。将 3 L 废酸液倒入废酸罐,将 3 L 纯水倒入水罐。打开蠕动泵开关,全速运行。该过程废酸液和纯水分别冲洗两侧的流道,将流道内的气泡排尽。因为水和废酸液流动速度非常快,在膜两侧停留时间很短,故传质过程可忽略。等流道内的气泡排尽(废酸罐和水罐的液体流到距罐底大约 5 mm 处)时,将蠕动泵停止。

2. 慢速传质

将 3 L 废酸液倒入废酸罐,将 3 L 纯水倒入水罐。调节两侧蠕动泵的流速,保证流速比为 1:1,两侧流速可为 2 mL·min^{-1}、6 mL·min^{-1}、10 mL·min^{-1}、20 mL·min^{-1}(选择 1 组即可),开启蠕动泵,实验开始。

3. 样品收集

蠕动泵运行后开始计时,在 10 min、20 min、30 min、40 min、50 min、60 min 时采集样品。用小烧杯在回收液罐中收集 5 mL 回收液,用另一个小烧杯在截留液罐中收集 5 mL 截留液。收集两种溶液的操作同时进行。

4. 浓度检测

(1)回收液和截留液中 Fe^{2+} 的滴定:使用标准的 $KMnO_4$ 溶液进行滴定,同时 $KMnO_4$ 溶液自身也为指示剂。用移液枪移取待测液 1 mL,用纯水稀释到 100 mL,转移至锥形瓶中,加入 10 mL 磷酸,用标准 $KMnO_4$ 溶液滴定,刚开始滴定,滴入后摇动锥形瓶,溶液立刻变无色。直到锥形瓶中溶液由无色变为淡红色,滴定终止。根据滴定结果计算 Fe^{2+} 浓度。

（2）回收液和截留液中 H^+ 的滴定:使用标准 Na_2CO_3 溶液滴定,并以溴甲酚绿-甲基红作指示剂（配制方法见本实验后附一）。用移液枪移取待测液 1 mL,用纯水稀释到 100 mL,转移至锥形瓶中,滴入两滴溴甲酚绿-甲基红溶液,用 Na_2CO_3 溶液滴定,边滴边摇动锥形瓶,直到溶液由红色变为浅灰绿色时滴定终止。根据滴定结果计算 H^+ 浓度。

（3）回收液和截留液中 H^+ 浓度也可以使用 pH 计进行测定（Ph7310P 型 pH 计测定方法详见本实验后附二）。

5. 纯水冲洗以及封膜

各将 5 L 纯水倒入废酸罐和水罐。打开蠕动泵开关,全速运行。等废酸罐和水罐的水流到距罐底大约 5 mm 处时,将蠕动泵停止。各将 3 L 纯水倒入废酸罐和水罐进行封膜。关闭蠕动泵,关闭仪器总电源。

五、实验注意事项

（1）正式实验前,首先要将纯水加入废酸罐和水罐,试运行设备,然后检查设备是否运行正常、有无漏液情况,确保没有漏液情况下才开始正式实验。

（2）膜的使用温度不能超过 50 ℃。

（3）实验结束以后至少要用 5 L 的纯水来冲洗膜组件,尽量将组件内的残留液清洗处理干净。

（4）冲洗完成以后,将组件里封上一定体积的纯水,防止膜在干的状态下会损坏,影响其性能。

六、实验结果与分析

（1）参考表 4.2.2 进行实验数据的记录与整理。

表 4.2.2　数据记录与整理

时间 （min）	回收酸液中酸浓度 C_{rH} （mol·L^{-1}）	截留液中酸浓度 C_{jH}（mol·L^{-1}）	回收酸液中 Fe^{2+} 浓度 C_{rFe}（mol·L^{-1}）	截留液中 Fe^{2+} 浓度 C_{jFe}（mol·L^{-1}）	酸回收率 η	盐截留率 R
初始值						
10						
20						
30						
40						
50						
60						

（2）计算酸回收率和盐截留率。

七、思考题

（1）比较扩散渗析和反渗透这两种膜过程在分离对象及原理方面的不同。

（2）绘制出时间对卷式扩散渗析性能影响的变化曲线图：两侧 Fe^{2+}/H^+ 浓度-时间变化图（绘制在同一张图中）和（η/R）-时间变化图（绘制在同一张图中）。分析其变化的原因。

附一　溴甲酚绿-甲基红指示剂配制方式

一、指示剂说明

溴甲酚绿-甲基红指示剂，是溴甲酚绿和甲基红混合而成的一种变色范围更窄的指示剂，常用于盐酸标准溶液的标定。溴甲酚绿-甲基红指示剂的变色范围如下：pH 在 5.1 以下为紫红色，pH 在 5.1 时为灰色，pH 在 5.1 以上为蓝绿色。

二、配制方式

（1）溶液 I：准确称取 0.1 g 溴甲酚绿，溶于 95% 乙醇，用 95% 乙醇稀释至 100 mL。

（2）溶液 II：准确称取 0.2 g 甲基红，溶于 95% 乙醇，用 95% 乙醇稀释至 100 mL。

（3）取 30 mL 溶液 I、10 mL 溶液 II，混匀。

附二　Ph7310P 型 pH 计操作步骤

一、Ph7310P 型 pH 计操作规程

（一）三点校正步骤

（1）连接好 pH 探头；将标准缓冲液（pH 为 10.011,7.000,4.010）分别置于三个比色管内（50 mL）。

（2）按〈M〉选择所测参数为 pH（注：按〈M〉键，所测参数会在 pH 和 mV 下转换）。

（3）按〈CAL〉开始校正。显示第一组缓冲溶液（Buffer 1:10.011）。

（4）用去离子水冲洗探头，并用滤纸将探头上附着的水吸干，将探头浸入第一个缓冲溶液。

（5）按上下箭头,输入缓冲溶液温度。

（6）按〈ENTER〉键开始测试;仪表自检测试值稳定性,【AR】字符闪烁,显示进程指示条,所测参数闪烁。

（7）稳定控制完成后,【AR】字符停止闪烁。按〈ENTER〉键停止;显示第二组缓冲溶液（Buffer 2:7.000）。

（8）用去离子水冲洗探头,并用滤纸将探头上附着的水吸干,将探头浸入第二个缓冲溶液。

（9）按上下箭头,输入缓冲溶液温度。

（10）按〈ENTER〉键开始测试;仪表自检测试值稳定性,【AR】字符闪烁,显示进程指示条,所测参数闪烁。

（11）稳定控制完成后,【AR】字符停止闪烁。按〈ENTER〉键停止;显示第三组缓冲溶液（Buffer 3:4.010）。

（12）用去离子水冲洗探头,并用滤纸将探头上附着的水吸干,将探头浸入第三个缓冲溶液。

（13）按上下箭头,输入缓冲溶液温度。

（14）按〈ENTER〉键开始测试;仪表自检测试值稳定性,【AR】字符闪烁,显示进程指示条,所测参数闪烁。

（15）稳定控制完成后,【AR】字符停止闪烁。按〈M〉键结束三点校正程序。显示校正记录。

（二）pH 测试步骤

（1）按〈M〉选择所测参数为 pH。

（2）用去离子水冲洗探头,并用滤纸将探头上附着的水吸干,将探头浸入试样。

（3）按上下箭头,输入试样温度。

（4）仪表检测测试值是否稳定(稳定控制),【AR】字符闪烁。

（5）等待测试值稳定,显示屏【AR】字符停止闪烁,记录 pH 及温度。

（6）测试完成后,用去离子水冲洗探头,并用滤纸将探头上附着的水吸干。在电极保护套中装入适量的饱和 KCl 溶液。将探头套入保护套,确保探头上的玻璃珠浸泡入饱和 KCl 溶液。

二、操作及维护注意事项

（一）操作

（1）待测样品要静置稳定后再进行测试。

（2）测量浓度较大的溶液时,稳定控制完成后,及时记录数据,尽量缩短测量时间,用后仔细清洗,防止被测液黏附在电极上而污染电极。

（3）电极不能用于强酸、强碱或其他腐蚀性溶液。严禁在脱水性介质如无水乙醇、重铬酸钾等中使用。

（4）注意在操作过程中，电极不可与硬物碰撞，防止电极损坏。

（二）维护

（1）测试完样品后，使用去离子水清洗电极，使用滤纸或者无尘纸吸干电极上的水，但是注意，不能擦拭电极玻璃膜，避免损坏玻璃薄膜，影响测量精度。

（2）不使用电极时，将电极充分浸泡于电极保护液中。电极保护液一星期更换一次。电极保护液可以选用饱和 KCl 溶液。

（3）长期使用后，要把电极下端浸泡在 4% HF（氢氟酸）中 3～5 s，用去离子水冲洗干净，使之复新；使用新电极前，将电极浸入 3 mol·L^{-1} KCl 溶液 24 h。

（4）可以使用异丙醇对仪器外表进行消毒。仪器外表为合成材质（ABS），避免与丙酮或者类似溶剂接触。若有接触，立刻擦除。

（5）pH 标准缓冲液应密封保存在干燥的地方。

实验三　电渗析综合实验

电渗析是一项成熟的分离技术，利用离子交换膜的渗透选择性在直流电场下，带电离子从淡化室迁移到浓缩室，而不带电的组分则保留在淡化室中，因此带电和不带电的组分彼此分离。电渗析器的核心元件为离子交换膜和电渗析器组件。电渗析工业应用发展经历了三个比较重要的阶段：第一是使用具有高选择性的离子交换膜；第二是开发多隔室的电渗析器组件；第三是使用频繁倒极操作模式。随着科学技术的快速进步，各种离子交换膜性能不断提高，电渗析装置和配套设施等不断革新，电渗析将步入一个全新的发展阶段。

电渗析技术利用离子交换膜所具有的独特分离特性，将彻底变革传统的化工反应与分离过程，满足化工产品分离、纯化等工艺的节能减排与清洁生产要求，具有巨大的应用前景，已被广泛应用于海水淡化、生物产品脱盐和含盐废水处理等领域。

▶ 实验 1　电渗析组装实验

一、实验目的

（1）了解电渗析器组件脱除水中无机盐的工作原理。

（2）学会电渗析膜堆的搭建和电渗析器的运行操作和维护。

二、实验原理

电渗析利用离子交换膜对阴阳离子的选择透过性能,在直流电场的作用下,使阴阳离子发生定向迁移,从而达到电解质溶液的分离、提纯和浓缩的目的。电渗析组件示意图如图 4.3.1 所示,离子交换膜和直流电场是电渗析过程必备的两个条件。

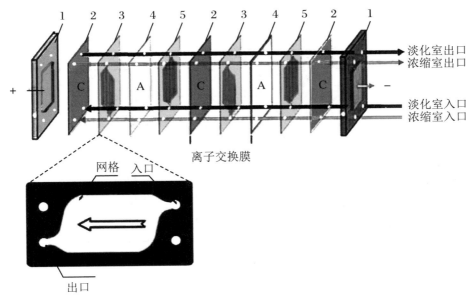

图 4.3.1　电渗析组件示意图
1. 电极板;　2. 阳膜;　3. 流道板 A;　4. 阴膜;　5. 流道板 B

三、实验装置和试剂

(1) 装置。直流稳压电源及电源连接线;CJ-ED-01 多功能膜板框(购于合肥科佳高分子材料科技有限公司,单片膜有效面积 40 cm²),外配容量为 1000 mL 的烧杯 3 只,硅胶管 6 根(约 0.5 m 长);小型潜水泵 3 个;电导率仪。

(2) 试剂。脱盐模拟溶液:NaCl 溶液,$1 \text{ mol} \cdot \text{L}^{-1}$,500 mL;极水:$Na_2SO_4$ 溶液,$0.3 \text{ mol} \cdot \text{L}^{-1}$,1000 mL。

四、实验步骤

1. 膜组件制作

实验自主设计方案,进行离子交换膜、硅胶垫片、隔网裁剪,制成所需流道板和电板流道板。将已经剪裁好的离子交换膜、硅胶垫片(增加物理空间)、电极流道板、流道板进行膜堆组装。电渗析器外管路为两进两出,对应膜堆内部的浓缩室进口与出口、淡化室进口与出口。侧面外管路为极室的进出口。组件制作大致步骤如下：

（1）制作电极流道板。电极流道板包括阳极流道板和阴极流道板，厚度通常在 1 mm 左右，用于分隔封端离子膜与电极板，构成电极腔室，通过在电极端板侧面开孔，将电解液引入电极流道板，形成独立循环的电极-电解液-电极腔室系统。因此，电极流道板要具有密封性好、耐酸碱腐蚀、导气效果好的特点。

通过剪裁或者用准备好的垫片和隔网制作电极流道板。实验中的电极流道板有两种类型，分别为电极流道板 1 和电极流道板 2，如图 4.3.2 所示，分别用于前端板和后端板。

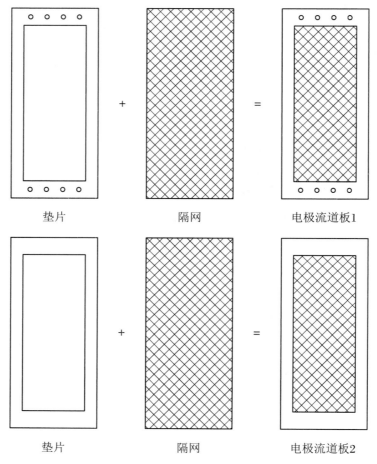

　　　　垫片　　　　　　　　隔网　　　　　　电极流道板1

　　　　垫片　　　　　　　　隔网　　　　　　电极流道板2

图 4.3.2　电极流道板示意图

（2）制作或选用流道板。流道板由隔网和流道组成，一般由工厂定制加工制备。本实验要求剪裁垫片制作流道，用已剪裁好的流道和隔网制作实验中的流道板，实验中只需要两种不同流向的流道板，分别用于浓缩室和淡化室。流道板的结构见本章图 4.2.5。组装膜堆时，注意浓缩室和淡化室流道板方向，避免发生浓缩室和淡化室串液。

（3）制作板框电渗析器膜堆。完成至少一个重复单元的膜堆组装实验，极板和膜的示意图见图 4.3.3。可按照"阳极板—电极流道板 1—阳膜—流道板 A—阴膜—流道板 B—阳膜

······电极流道板 2—阴极板"的顺序进行组装,如图 4.3.4 所示。用长杆螺钉压紧并锁紧膜堆。螺钉一共 10 根,用于压紧装置时注意均匀用力,防止装置变形脆断,导致膜堆漏水。

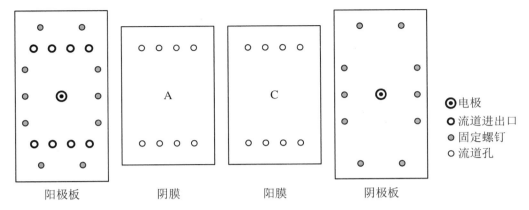

图 4.3.3　极板和膜(板框电渗析器)

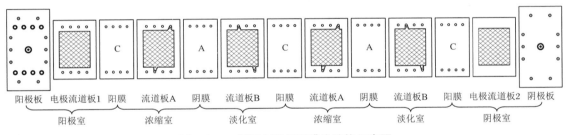

图 4.3.4　板框电渗析器膜堆结构示意图

电渗析过程同时需要阴离子交换膜和阳离子交换膜,实现浓缩和淡化的目的。电渗析端板也称为极板,分为阳极板和阴极板,实验时通过极板通入直流电源,阳极板、电极流道板 1 和膜形成阳极室,阴极板、电极流道板 2 和膜形成阴极室,电极室一般通入 Na_2SO_4 溶液,减少电渗析过程中的溶液电阻。阳极板正面设计有外管路接口,对应浓缩室、淡化室进出口,阳极板侧面外接管路为电极室的进出口。

制作好的流道板 A 与相邻的膜形成浓缩室,流道板 B 与相邻的膜形成淡化室,实验中浓缩室入口通入纯水,出口为浓缩液,淡化室入口通入原料液,出口为淡化液,电极室通入极水。

2. 连接外围设备

(1) 如图 4.3.5 所示,将电极板上相应的接口分别连接上出水管和进水管,再将进水管与外置烧杯中的潜水泵出口连接,而出水管的出口端接入此烧杯中,确保循环通路的畅通。开启潜水泵,通入纯水,运行 15～20 min,检查膜堆的密封性。若发生漏水,重复膜组件制作步骤。

(2) 启动潜水泵,淡化室通入脱盐模拟溶液(NaCl 溶液,1 mol·L^{-1}),电极室通入极水(Na_2SO_4 溶液,0.3 mol·L^{-1})。运行 15～20 min,将隔室中的气泡排尽,确保各隔室充满液体。将直流稳压电源的正极和负极分别与膜堆的阳极引线和阴极引线连接,启动直流电源,在恒压或恒流模式下开始实验。使用电导率仪定性分析淡化液和浓缩液的电导率变化趋势,判断是否发生串液。

（3）实验结束后,先关闭直流稳压电源,再停止潜水泵。

（4）使用纯水清洗电渗析器,步骤参考(1)。

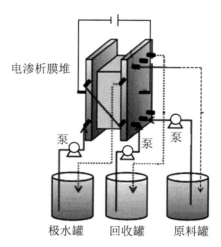

图 4.3.5　普通电渗析装置示意图

五、实验注意事项

（1）实验前后对电渗析器进行清洗,确保组件无污染、无损坏。

（2）实验前后注意清点电渗析器上使用的小零件的个数和种类,确保没有遗失和损坏。

（3）组件制作过程中,注意电极流道板、流道板的正确使用,确保无串液。

六、思考题

（1）电渗析实验中电极室的作用是什么? 极水的选择应该注意什么?

（2）本实验定性分析了浓缩液和淡化液电导率的变化趋势,什么样的趋势可以说明自制组件没有发生串液? 还有其他的方法可以判断吗?

▶ 实验 2　电渗析脱除水中的无机盐实验

一、实验目的

（1）了解电渗析脱除水中无机盐的工作原理。

（2）了解电渗析的基本功能以及实验装置的运行操作和维护。

（3）研究电渗析脱除水中无机盐的最佳条件。

二、实验原理

　　淡水是社会可持续发展的三个基本要素之一（另外两个分别为能源供给和环境保护），被广泛用于农业生产、生活饮用和工业加工。但是地球上的水 97% 为海水，2% 是以冰帽和冰川的形式存在，而可以直接利用的淡水不到 0.5%。随着人口的增长，淡水资源匮乏已经成为包括我国在内的世界很多国家面临的重大问题。我国西、北方部分地区和东部地区有 4000 多万农村人口在饮用微咸水，而微咸水和咸水对人体健康是有害的。这些水中含有许多重金属以及有害杂质，口感苦涩，长期饮用会导致肠胃功能紊乱和免疫力下降。

　　采用电渗析技术可以实现高盐度水的淡化，满足淡水供应。同时，电渗析还可以对高盐度水中的盐分进行浓缩，为工业用盐开辟一大途径。

　　典型的电渗析过程如图 4.3.6 所示。图中阳离子交换膜（C）和阴离子交换膜（A）交替排列，可以有多个重复单元，再加上两端的电极室构成一个膜堆。阳离子交换膜带负电，它只允许带正电的阳离子 M^+ 通过；而阴离子交换膜带正电，它只允许带负电的阴离子 X^- 通过。电极开始通电时，在直流电场的作用下，阴阳离子分别通过阴阳膜进行迁移，结果有的隔室内含盐量降低，有的隔室内含盐量升高。含盐量降低的隔室称作脱盐室或者淡化室（如隔室②和④），含盐量升高的隔室称作浓缩室（如隔室①和③），这就是电渗析最基本的工作原理。电渗析原理动画见二维码 4.3.1。电渗析在化工、生化、环境保护、食品工业中均有着其他过滤膜不可替代的作用。

二维码 4.3.1　电渗析原理

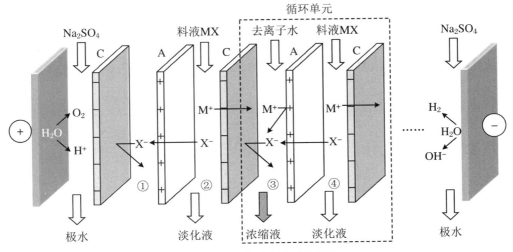

图 4.3.6　典型电渗析原理图

实验过程中,浓缩室和淡化室中 NaCl 的含量采用电导率仪进行测量。实验前,先配制一定浓度的标准 NaCl 溶液,用电导率仪测试不同浓度下的电导率,然后作出电导率-浓度的标准曲线,如图 4.3.7 所示(此图只是示例图)。淡化室和浓缩室含盐量可由标准曲线推导得到。

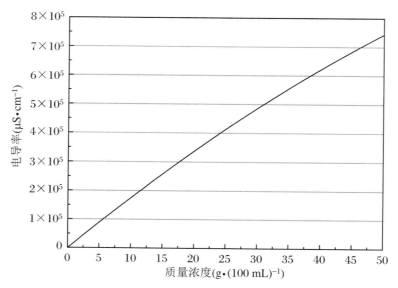

图 4.3.7 电导率-浓度标准曲线

脱盐率(R)计算公式为

$$R = \frac{C_0 - C_t}{C_0} \times 100\% \tag{4.3.1}$$

式中,R 为脱盐率,%;C_0,C_t 分别是淡化室中 NaCl 在通电时间为 0 和 t 时的浓度,mol·L^{-1}。

电流效率(η)的计算公式为

$$\eta = \frac{zVF(C_0 - C_t)}{It} \times 100\% \tag{4.3.2}$$

式中,z 为计算电流效率基准物的化合价(此值为绝对值,本实验中,计算基准物为 NaCl,氯离子的化合价为 -1,故 $z=1$);V 为淡化室溶液的体积,L;F 为法拉第常数,C·mol^{-1};C_0,C_t 分别是淡化室中 NaCl 在通电时间为 0 和 t 时的浓度,mol·L^{-1};I 为操作电流,A;t 为操作时间,s。

注 计算过程中注意各个变量的单位转换及统一。

三、实验装置和试剂

(1) 装置。实验中所用的电渗析装置示意图如图 4.3.5 所示。主要包括:直流电源及连接线;CJ-ED-01 多功能膜板框(购于合肥科佳高分子材料科技有限公司,单片膜有效面积 40 cm^2),外配容量为 1000 mL 的烧杯 3 只,硅胶管 6 根(约 0.5 m 长);小型潜水泵 3 个;电导率仪。

（2）试剂。脱盐模拟溶液：NaCl 溶液，$1\ mol \cdot L^{-1}$，$500\ mL$；极水：Na_2SO_4 溶液，$0.3\ mol \cdot L^{-1}$，$1000\ mL$。

四、实验步骤

（1）加入原料液和极水。在 C-A 间的隔室（浓缩室，如图 4.3.6 中①和③）中注入去离子水，在 A-C 间的隔室（淡化室，如图 4.3.6 中②和④）中注入脱盐模拟溶液，在极室注入极水，确保相应的液体能够淹没潜水泵。

（2）先启动潜水泵，确保各隔室充满液体，并运行 $15\sim20\ min$，将隔室中的气泡排尽。

（3）再将直流稳压电源的正极和负极分别与膜堆的阳极引线和阴极引线连接，通电后该套电渗析装置即开始工作，可以采用恒电压或恒电流操作模式。

（4）实验开始后，前 10 min 内每隔 1 min 记录一次电压、电流值，之后每隔 5 min 记录一次。同时每隔 20 min 分别对浓缩室和淡化室取样测相应电导率，如果电导率值超出电导率仪测量量程，则要对样品进行稀释。

（5）实验结束后，先关闭直流稳压电源，再停止潜水泵。

（6）使用纯水清洗电渗析器，步骤参考（1）～（2）。

五、实验注意事项

（1）实验完毕后，请将膜堆每个隔室、烧杯和潜水泵内的原料液或极水溶液清洗干净。若长期不用，请将装置拆卸还原，并确保各组件的干燥和清洁。

（2）在电渗析脱盐过程中，通过粗略计算脱盐率已达到 90% 以上时或者电源的电压值开始快速上升时应该结束实验。

（3）在电渗析过程中，要观察淡化室溶液的体积变化，如果有太大变化时，在实验结束后应该进行测量，以防对最终实验结果计算造成误差。

六、实验结果与分析

（1）参考表 4.3.1 记录实验数据。

表 4.3.1　数据记录

时间(min)	电压(V)	电流(A)	淡化室电导率 ($\mu S \cdot cm^{-1}$)	浓缩室电导率 ($\mu S \cdot cm^{-1}$)
0				
1				
2				
...				

续表

时间(min)	电压(V)	电流(A)	淡化室电导率 ($\mu S \cdot cm^{-1}$)	浓缩室电导率 ($\mu S \cdot cm^{-1}$)
10				
15				
20				
25				
30				
35				
40				
…				

（2）计算各时刻淡化室和浓缩室的 NaCl 含量、原料液的脱盐率和电流效率。分析其随时间变化的趋势。

（3）判断电渗析脱除水中无机盐的最佳条件。

七、思考题

（1）如何操作能够得到一个较高的脱盐电流效率？

（2）脱盐率已达到 90% 时或者电压开始快速上升时应该结束实验的原因是什么？

（3）为什么在实验结束时应先关闭直流稳压电源，然后再关闭潜水泵？

实验四　双极膜电渗析综合实验

双极膜电渗析技术是在普通电渗析的基础上，通过发挥双极膜所具有的独特的水解离功能而构建的一种新型高效的膜组合新技术。双极膜电渗析技术具有操作简便、清洁高效、环境友好等优势，其独特的工艺设计，无需添加化学药剂即可将盐转化为对应的碱和酸，而且几乎不产生废水等副产物。双极膜电渗析技术在绿色化、高效化、节能化产酸、产碱方面更具能耗低、效率高等优势，使得它在化工、能源、生物等领域表现出巨大的应用潜力。双极膜电渗析的主要应用总结如表 4.4.1 所示。

表 4.4.1　双极膜电渗析的主要应用

应用领域	具体应用	应用原理
化工生产	生产酸碱	可直接将无机盐的水溶液转化为相应的酸和碱(中和反应的逆反应)
	高铁酸盐的制备	在强碱性电解质中,将牺牲铁阳极氧化成高铁酸盐。避免了繁琐的提纯工艺和高铁本身的不稳定性带来的问题
	有机相内的化工合成	在非水体系中,可以对醇进行解离,生产醇钠
污染控制/资源回收	铀加工废水的处理	铀(UF_6)加工过程中会形成 KF 盐,利用双极膜电渗析可将其转化为 HF 和 KOH,避免废渣的产生
	人造丝生产过程中硫酸钠的再生	利用双极膜的特性生产 H_2SO_4 和 NaOH,缩减整个工艺的耗水量
	气体吸收工艺	实例:二甲基异丙基胺的处理
生物技术	从发酵液回收有机酸	
食品工业	(1) 大豆分离蛋白的沉淀分离。(2) 酪蛋白酸的生产。(3) 果汁生产过程中的 pH 稳定	主要是利用双极膜能够解离水的特性

▶ 实验 1　双极膜电渗析组装实验

一、实验目的

(1) 了解双极膜的特殊功能及双极膜电渗析的工作原理。

(2) 学会双极膜电渗析膜堆组件制作及实验装置的搭建。

二、实验原理

双极膜是由阴离子交换层和阳离子交换层复合而成的,在反向偏压下产生水解离,从而产生 H^+ 和 OH^-,而不像水电解反应产生气体。H^+ 和 OH^-、盐阴阳离子在电场的作用下发生透过离子膜的定向迁移,形成酸和碱。基于双极膜的独特性质,双极膜电渗析膜堆可以按照不同的功能改变排列方式,双极膜(BP)与阳离子交换膜(C)、阴离子交换膜(A)、隔网、流道、电极流道板等交替堆叠,从而生产酸和碱,其有多种应用,包括资源再生、能量存储和转换以及环境保护等。常见的双极膜电渗析构型主要有 BP—C—A—BP 三隔室型(图 4.4.1(a))、BP—

C—BP 两隔室型(图 4.4.1(b))和 BP—A—BP 两隔室型(图 4.4.1(c))。

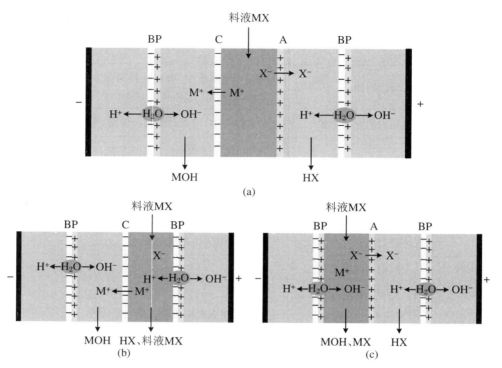

图 4.4.1　双极膜电渗析的不同构型

　　BP—C—A—BP 三隔室型双极膜电渗析重复单元由双极膜、阳离子交换膜(面向双极膜的阴离子层一侧)和阴离子交换膜(面向双极膜的阳离子层一侧)组成。三隔室型双极膜电渗析的阴离子交换膜和阳离子交换膜之间一般为盐室,即通入想要淡化的溶液,而在电场迁移下,阴阳离子就会与双极膜水解离出的 H^+ 和 OH^- 结合形成相应的酸和碱,这种构型的优势在于可以将盐与生成的酸和碱分离,能极大程度上回收淡化室中的盐,实现盐与杂质的分离,可以同时生产或回收高纯度的酸和碱。但由于三隔室构型的隔室和采用的膜数量相对较多,电阻也就随之升高,能耗相对较大。

　　处理弱酸(或弱碱)盐时,因为弱酸盐或弱碱盐溶液的导电性很差,不适合使用三隔室型电渗析装置,因而一般选择 BP—C—BP 或 BP—A—BP 构成的两隔室型电渗析装置。使用 BP—C—BP 型两隔室电渗析装置可以转化弱酸盐,得到碱溶液和酸与盐的混合溶液;BP—A—BP 型两隔室电渗析装置可用于处理弱碱盐,转化获得酸溶液和碱与盐的混合液。两隔室电渗析装置每个重复单元所需要的膜面积较小,隔室数量和膜数量都较少,并且工艺设计也相对比较简单,能耗相对较小。但是由于原料盐溶液与其中一个产物处于同一个隔室,不利于后续的分离,制约了酸或碱的纯度,且两隔室电渗析装置所获得的酸和碱的浓度相对较低,这限制了其在工业生产中的应用。

三、实验装置和试剂

（1）装置。直流稳压电源及电源连接线；CJ-ED-01 多功能膜板框（购于合肥科佳高分子材料科技有限公司，单片膜有效面积 40 cm²），外配容量为 1000 mL 的烧杯 4 只，硅胶管 8 根（约 0.5 m 长）；小型潜水泵 4 个；电导率仪；酸度计。

（2）试剂。原料液：Na_2SO_4 溶液，1 mol·L^{-1}，500 mL；极水：Na_2SO_4 溶液，0.3 mol·L^{-1}，1000 mL；酸室、碱室的支撑电解质溶液：Na_2SO_4 溶液，0.1 mol·L^{-1}，1000 mL（酸室和碱室各 500 mL）。

四、实验步骤

1. 膜组件制作

实验自主设计方案，进行离子交换膜、硅胶垫片、隔网裁剪，制成所需流道板和电极流道板。将已经剪裁好的离子交换膜、硅胶垫片（增加物理空间）、电极流道板、流道板进行膜堆组装。双极膜电渗析器外管路为三进三出，对应膜堆内部的酸室、碱室、盐室。双极膜电渗析膜组件制作大致的步骤如下：

（1）制作电极流道板。通过剪裁或者已经准备好的垫片和隔网制作电极流道板，实验中的电极流道板有两种类型，分别用于阳极板和阴极板，形成双极膜电渗析器的阳极室和阴极室。制作方法参考本章实验三中的实验 1，电极流道板如图 4.3.2 所示。

（2）制作或选用流道板。流道板由隔网和流道组成，一般由工厂定制加工制备。本实验要求剪裁垫片制作流道，用已剪裁好的流道和隔网制作实验中的流道板，实验中只需要三个不同流动方向的流道板，分别用于酸室、碱室、盐室。流道板的结构见本章图 4.2.5。组装膜堆时，注意酸室、碱室和盐室流道板方向，避免发生酸室、碱室和盐室串液。

（3）制作双极膜电渗析器组件。完成至少一个重复单元的膜堆组装实验，极板和膜的示意图见图 4.4.2。可按照"阳极板—电极流道板 1—双极膜—流道板 A—阴膜—流道板 B—阳膜—流道板 C—双极膜……电极流道板 2—阴极板"的顺序进行组装，如图 4.4.3 所示。用长杆螺钉压紧并锁紧膜堆。为了确保装置的严密性，确保电极流道板和流道板之间的垫圈厚度不要超过垫圈槽。螺钉一共 10 根，用于装置压紧时注意均匀用力，防止装置变形脆断，导致膜堆漏水。

双极膜电渗析过程同时需要双极膜、阴离子交换膜和阳离子交换膜，实现盐与杂质的分离，同时生产和回收高纯度的酸和碱的目的。实验中注意双极膜比较粗糙一面产 H^+，光滑一面产 OH^-。双极膜电渗析端板也称为极板，分为阳极板和阴极板，实验时通过极板通入直流电源，阳极板、电极流道板 1 和膜形成阳极室，阴极板、电极流道板 2 和膜形成阴极室，电极室一般通入 Na_2SO_4 溶液，减少双极膜电渗析过程中的溶液电阻。双极膜电渗析器的阳极板正面上设计有外接管路，对应酸室、碱室、盐室的进口和出口，阳极板侧面外接管路为电极室的进口和出口。

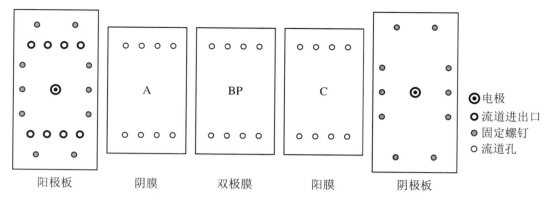

图 4.4.2　极板和膜（双极膜电渗析器）

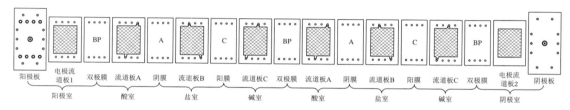

图 4.4.3　双极膜电渗析器膜堆结构示意图

2. 连接外围设备

（1）如图 4.4.4 所示，将电极板上的相应的接口分别连接上出水管和进水管，再将进水管与外置烧杯中的潜水泵出口连接，而出水管的出口端接入此烧杯中，确保循环通路的畅通。开启潜水泵，通入纯水，运行 15～20 min，检查膜堆的密封性。若发生漏水，重复膜组件制作步骤。

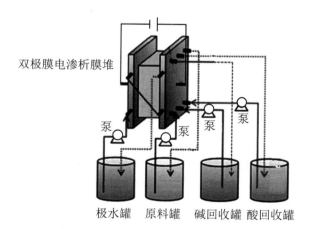

图 4.4.4　双极膜电渗析装置示意图

（2）启动潜水泵，料液室通入原料液（Na_2SO_4 溶液，1 mol·L^{-1}），电极室通入极水（Na_2SO_4 溶液，0.3 mol·L^{-1}），酸、碱室通入支撑电解质溶液（Na_2SO_4 溶液，0.1 mol·L^{-1}）。运行 15～20 min 排尽气泡，确保各室充满溶液。将直流稳压电源的正极和负极分别与膜堆的阳极引线和阴极引线连接,启动直流电源,在恒压或恒流条件下开始实验。使用电导率仪和pH计分别定性分析盐室的电导率和酸室、碱室pH的变化趋势,判断是否发生串液。

（3）实验结束后,先关闭直流稳压电源,再停止潜水泵。

（4）使用纯水清洗双极膜电渗析器,步骤参考(1)。

五、实验注意事项

（1）实验前后对双极膜电渗析器进行清洗,确保组件无污染、无损坏。

（2）实验前后注意清点双极膜电渗析器上使用的小零件的个数和种类,确保没有遗失和损坏。

（3）组件制作过程中,注意电极流道板、流道板的正确使用,确保无串液。

（4）组装膜堆时,确保双极膜的阳膜侧朝向阴极板。

六、思考题

（1）双极膜电渗析双极膜的独特功能是什么？如何实现同时产酸产碱？

（2）双极膜的阳膜侧组装时为什么要朝向阴极板？

▶ 实验2　双极膜电渗析同时产酸产碱实验

一、实验目的

（1）了解双极膜电渗析的工作原理。

（2）了解双极膜的特殊功能以及双极膜电渗析实验装置的运行操作和维护。

（3）了解双极膜电渗析的操作条件以及膜堆构型对产酸产碱效率的影响。

二、实验原理

双极膜电渗析技术是基于双极膜的水解离原理在普通电渗析(ED)的基础上发展起来的。BMED是以双极膜(BP)代替ED的部分阴、阳离子膜或者在ED的阴、阳离子膜之间加上BP构成的。双极膜电渗析装置一般由双极膜与阴、阳离子膜交替组合成的膜堆与阴、阳电极材料构造。阴、阳离子膜与双极膜交替放置,将溶液分成酸室、碱室、盐室和阴、阳极室。双极膜在直流电场的作用下,其复合中间层将水解离成 H^+ 和 OH^- ,解离的 OH^- 和 H^+ 分别从双极膜两侧的阴、阳离子膜进入碱室和酸室。正价离子 M^+ 在电场力的作用下穿过阳膜向阴极迁移,当遇到双极膜时因与双极膜上相同电荷而被排斥被截留在碱室,与 OH^- 形成碱物质;同样负价离子 X^- 在电场力的作用下穿过阴膜,进入酸室被截留下来而与 H^+ 形成酸物质。双极膜电渗析同时产酸产碱原理示意图如图 4.4.5 所示。

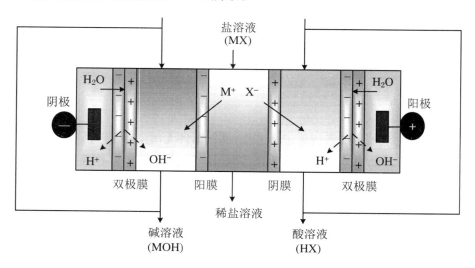

图 4.4.5　双极膜电渗析同时产酸产碱原理示意图

　　双极膜电渗析是在双极膜能够解离水的特性和普通电渗析的浓缩淡化效果基础上发展起来的一项新技术。在实际生产中,组装双极膜电渗析膜堆时,一对电极中间可以组合上至百对的双极膜同时进行水解离,不仅设备占地小、重量轻,而且能耗低,更重要的是它可以和中和反应共轭,因此在化工生产、环境保护、生物技术、食品行业等领域中发挥着巨大的作用。

三、实验装置和试剂

　　(1) 装置。直流稳压电源及电源连接线;CJ-ED-01 多功能膜板框(购于合肥科佳高分子材料科技有限公司,单片膜有效面积 40 cm²),外配容量为 1000 mL 的烧杯 4 只,硅胶管 8 根(约 0.5 m 长);小型潜水泵 4 个。

　　(2) 试剂。原料液:Na_2SO_4 溶液,1 mol·L^{-1},500 mL;极水:Na_2SO_4 溶液,0.3 mol·L^{-1},1000 mL(阴极室和阳极室各 500 mL);酸室、碱室的支撑电解质溶液:Na_2SO_4 溶液,0.1 mol·L^{-1},1000 mL;NaOH 标准溶液:0.005 mol·L^{-1}(用邻苯二甲酸氢钾标定准确浓度);HCl 标准溶液:0.005 mol·L^{-1}(用 NaOH 标准溶液标定准确浓度);指示剂:甲基橙、酚酞。

四、实验步骤

　　(1) 设备检漏。将电极板上相应进出口分别接上水管、潜水泵,通入纯水,运行 15～20 min,检查是否漏水。

　　(2) 加入料液和极水。在盐室中加入料液,在极室中加入极水,在酸室和碱室加入支撑电解质溶液,保证每个料液罐中的料液淹没潜水泵。

　　(3) 通电操作。先启动潜水泵,确保各隔室充满液体,并循环 15～20 min,将隔室中的气泡排尽。再将直流电源的正极和负极分别与膜堆的阳极引线和阴极引线连接,通电后该套双极膜电渗析装置即开始工作,采用恒电流(如1.2 A)操作模式。

(4) 电压监测。双极膜电渗析装置通电后,前 10 min 每 1 min 记录一次电压值,以后每 5 min记录一次,并绘制电压-时间变化图。

(5) 浓度测定。在通电操作后每隔一段时间(如 10 min)从酸室和碱室同时取样(如 1 mL),采用酸碱滴定法测定酸室和碱室的浓度。

(6) 停止操作。实验结束后,先关闭直流稳压电源,再停止潜水泵。

(7) 设备清洗。使用纯水清洗双极膜电渗析器,步骤参考(1)。

五、实验注意事项

(1) 如果装置发生漏液,请进一步压紧装置;如果情况得不到改善,请更换垫圈或增加其厚度。

(2) 实验完毕后,请将隔室、烧杯和潜水泵内的原料液或极水溶液清洗干净。若长期不用,请将装置拆卸还原,并确保各组件的干燥和清洁。

(3) 在电渗析过程中,通过粗略计算盐室脱盐率已达到90%以上时应该结束实验。

六、实验结果与分析

(1) 参考表 4.4.2 记录与处理实验数据。

表 4.4.2　数据记录与处理

时间(min)	电压(V)	酸室浓度(mol·L^{-1})	碱室浓度(mol·L^{-1})
0			
1			
2			
...			
10			
15			
20			
25			
30			
35			
40			
45			
50			

续表

时间(min)	电压(V)	酸室浓度(mol·L^{-1})	碱室浓度(mol·L^{-1})
55			
60			
...			

（2）绘制电压-时间变化图。

（3）采用酸碱滴定法测定酸室和碱室的浓度，并根据下面的公式计算产酸量（N_{acid}）和产碱量（N_{base}）以及它们各自的电流效率（η_{acid} 和 η_{base}）：

$$N_{acid} = (C_{at} - C_{a0}) \times V_{acid} \tag{4.4.1}$$

$$\eta_{acid} = \frac{2N_{acid}F}{It} \times 100\% \tag{4.4.2}$$

$$N_{base} = (C_{bt} - C_{b0}) \times V_{base} \tag{4.4.3}$$

$$\eta_{base} = \frac{N_{base}F}{It} \times 100\% \tag{4.4.4}$$

式中，C_{a0}，C_{at} 为酸室中 H_2SO_4 在通电时间为 0 和 t 时的浓度，mol·L^{-1}；C_{b0}，C_{bt} 为碱室中 NaOH 在通电时间为 0 和 t 时的浓度，mol·L^{-1}；V_{acid} 为酸室溶液体积，L；V_{base} 为碱室溶液体积，L；F 为法拉第常数，C·mol^{-1}；I 为操作电流，A；t 为操作时间，s。

注 在计算产酸电流效率时，1 mol H_2SO_4 消耗 2 mol 的 H^+，因此计算电量时要乘以 2。

七、思考题

（1）实验中产酸产碱的当量浓度为什么不同？

（2）双极膜电渗析通电操作过程中，可能会发生的离子或分子传质过程都有哪些？这些传质过程对双极膜电渗析过程的效率都有什么影响？

（3）双极膜电渗析通电操作的过程中，除了双极膜能够发生水解离，单极膜（如阴离子交换膜和阳离子交换膜）能不能发生水解离？为什么？

第五章　膜分离系列实验

　　传统的化学反应包括两步:一是反应物在完全混合反应器中混合;二是利用传统单元操作分离产物,分离费用占投资成本的一半以上。随着市场对产品纯度的要求日益严格,分离投资的操作费用也在逐渐增加,同时废液产生量也随之增加,造成严重的环境污染。现代化学工业提倡过程的绿色化和环境化,在化工生产过程和产品整个生命周期(应用)过程中,谋求自然资源和能源利用的最合理化、经济效益最大化及对人类和环境的危害最小化。在这种思想的指导下,现代化学工程沿着两个主要的方向发展,即化学合成新技术(如无溶剂合成、超临界流体合成等)和化工分离新技术(如膜分离技术等)。新的化工反应-分离一体化技术备受人们的重视,并且在清洁生产中发挥着重要的作用。清洁生产是20世纪90年代初期提出的思想,目的是提高资源利用率、降低能耗,减少向大气、水和土壤环境排放废物,减少填埋量以及减少有害物质的形成和在产品中的含量。

　　为了适应这一发展趋势,人们发展了不少先进的化工分离技术和新化学合成反应-分离集成技术,如酶膜反应器、分子蒸馏技术、分子印迹技术、仿生催化技术、外场分离技术、动态反应操作技术、超临界流体反应(分离)技术、电渗析技术及其相关组合分离(集成)技术等。主要目的是实现过程的强化、集成和绿色化。如果从过程的综合效应(如放大效应、能耗等)来看,电渗析技术是一种最简单的反应-分离技术,是化学工程学科发展的新的增长点。其应用涉及食品加工、化学品合成、医药生产和环境保护等方面。电渗析技术包括普通电渗析技术和双极膜电渗析技术。实际上,电渗析在化工操作中可以灵活地集成,既可以在反应后进行分离,也可以在反应的同时进行分离。

　　本章选择关乎国计民生而又污染严重的有机酸发酵生产行业作为技术应用领域。从可持续发展和人类健康角度考虑,发酵相对于其他生产途径(如化学合成等)是有机酸生产的优选途径。首先,发酵使用可再生资源(如青贮、谷物、糖浆、乳清等)作为原料,不仅原料供应可以得到确实保证,而且可以实现生物圈内的资源循环利用。其次,发酵产物一般具有较高的安全性,这一点对人类健康非常重要。再次,有些有机酸不应该或者很难用化学方法进行合成。以乳酸为例,选择合适的乳酸发酵菌种会生产出具有单一特定结构而且纯度较高的乳酸——L-乳酸或者D-乳酸。在化学合成过程中,最终乳酸产品是这两种具有不同旋光性的乳酸的混合物(L-乳酸和D-乳酸)。D-乳酸和L-乳酸的混合物对人体是有害的,过度食入会导致代谢紊乱。不论是发酵还是化学合成,分离、浓缩和纯化都是生产过程中必不可少的步骤。发酵液中成分较多,所以后处理相对要复杂一些。传统的后处理技术包括沉淀、酸化、萃取、结晶、蒸馏、离子交换和吸附,不过这样的操作已经不能适应现代化工生产的发展要求。这些操作的弊端主要表现在:沉淀和酸化会产生大量的硫酸钙沉淀而难以处理;结晶过程产率低、成本高,而且有废物排放;直接蒸馏能耗较高,而且会导致某些产品的变质(如乳酸的高温聚合);离子交换过程的树脂再生要消耗大量的酸、碱和水,而且还会产生盐污染;吸附剂的寿命短、处理量低,而且还要过滤后处理。所以,有机酸的生产和下游处理亟待开发具有更高经济和环境效益的技术。

　　本章的膜分离系列化工实验以乳酸的生物发酵及产品分离(其中包括生物发酵生产乳酸盐、发酵液的超滤和螯合离子交换树脂预处理、普通电渗析对乳酸盐进行浓缩及双极膜电渗析将乳酸盐转化生产乳酸产品等)为对象,开设相应的电渗析技术和传统单元操作相结合的集成反应和分离技术综合系列实验。该实验的开设目的是使学生改变传统的化学反应观念,激发对新型化工的学习兴趣,培养原创思想,提高学生的科研素质。开设的内容既体现出国家当前对有机酸生产行业可持续发展的迫切要求,又体现了化工学科发展的新方向。通过本章实验的开展,能大大增强学生解决实际技术问题的能力,增强感性认识,便于今后将所学的知识更好地应用于实际生产。

　　该综合系列实验由 6 个独立实验组成(表 5.0.1),各个独立实验的目的、原理和操作细则将在后面逐一进行阐述。

表 5.0.1　包含的 6 个独立实验

编号	实验项目名称	实验内容
1	乳酸发酵实验	利用葡萄糖发酵生产乳酸盐,掌握菌种的接种培养、发酵过程控制等操作
2	乳酸发酵液的超滤实验	利用超滤对发酵液进行初步预处理,筛分出大粒径物质,掌握超滤设备的操作和清洗维护
3	乳酸发酵液的螯合树脂离子交换实验	利用螯合树脂离子交换脱除发酵液中多价离子,掌握离子交换柱的简易制作方法和螯合树脂离子交换的操作技巧
4	普通电渗析浓缩乳酸盐实验	利用普通电渗析对发酵液中的乳酸盐进行浓缩,掌握装置的搭建、运行操作和维护
5	双极膜电渗析制备乳酸实验	利用双极膜电渗析将乳酸盐酸化制得乳酸,同时生产 NaOH,掌握此过程的原理、装置的搭建、运行操作和维护
6	发酵过程与双极膜电渗析的集成操作	利用双极膜电渗析产生的 NaOH 原位用于发酵过程中 pH 的调节,掌握此过程的原理,清楚装置的搭建和两个过程的集成操作

实验一　乳酸发酵实验

一、实验目的

　　(1) 了解乳酸的结构、用途和市场前景。

　　(2) 掌握发酵法生产乳酸的操作流程。

（3）增强可持续发展意识，树立在工业生产中践行节能减排的思想。

二、实验原理

乳酸（Lactic Acid），即 α-羟基丙酸，分子式为 C_2H_5OCOOH，能与水互溶，较难结晶析出，商品乳酸通常为 60% 溶液。乳酸有两种光学异构体，即 L-乳酸和 D-乳酸，结构如图 5.1.1 所示，前者具有重要的生物医药价值，而后者或者两种异构体的混合物对人体有害，过度摄入会导致人体代谢紊乱。

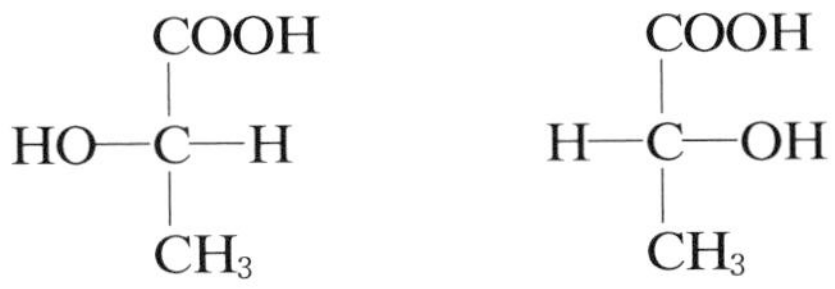

$$
\begin{array}{cc}
\text{COOH} & \text{COOH} \\
| & | \\
\text{HO—C—H} & \text{H—C—OH} \\
| & | \\
\text{CH}_3 & \text{CH}_3
\end{array}
$$

图 5.1.1　L-乳酸和 D-乳酸的结构

乳酸的应用广泛。其一，可以作为酸味剂，其酸性柔和且稳定，可以取代柠檬酸作酸味剂，也可以取代磷酸来调节啤酒麦芽汁的 pH；其二，可以作为防腐剂和医疗消毒剂，特别是 L-乳酸，杀菌力强，0.1% 的乳酸可以在 3 h 内将大肠杆菌、霍乱菌、伤寒菌全部杀死，其杀菌能力是柠檬酸、酒石酸、琥珀酸的几倍；其三，可以作为还原剂；其四，可以用于饮料、糖果、糕点、肉和蔬菜的保藏；其五，可以作为医药原料，用于生产金属元素补充剂，例如 L-乳酸铁（治疗贫血）、L-乳酸钠（增塑剂、吸湿剂）、L-乳酸钙（良好的钙源）。当然，乳酸还可以用于烟草加湿、制革脱石灰、增加纤维着色性和柔化触感以及用作饲料、肥料和养殖的消毒剂。特别值得一提的是聚乳酸塑料制品，这种材料具有很好的生物相容性，可以用于生产缓释胶囊、生物降解薄膜、保鲜膜、涂层、无纺组织、手术缝合线、骨折修复用的骨片、人造皮肤、儿童玩具等。

乳酸主要通过发酵法和化学合成法生产，发酵法采用天然原料，是乳酸生产的主要方法，具有较大的市场和较强的竞争力。发酵法的关键是菌种的选择，用于发酵生产乳酸的菌种主要有细菌和根霉。考虑材料安全性，L-乳酸一般使用发酵法进行生产，如采用米根霉直接利用淀粉发酵，对于糖质原料和短链糊精采用德式乳杆菌进行同型发酵（经丙酮酸转化为乳酸），也可利用某些乳酸菌进行异型发酵（经 3-磷酸甘油醛转化为乳酸），或利用双歧杆菌。

乳酸的发酵形式有以下三种：

（1）同型乳酸发酵：

$$
\text{葡萄糖} \xrightarrow[2(\text{ADP}+\text{Pi})]{\text{EMP 途径}} 2 \text{ 丙酮酸} \xrightarrow[\text{ANDH}+\text{H}]{\text{乳酸脱氢酶}} 2 \text{ 乳酸} + 2\text{ATP}
$$

（2）异型乳酸发酵：

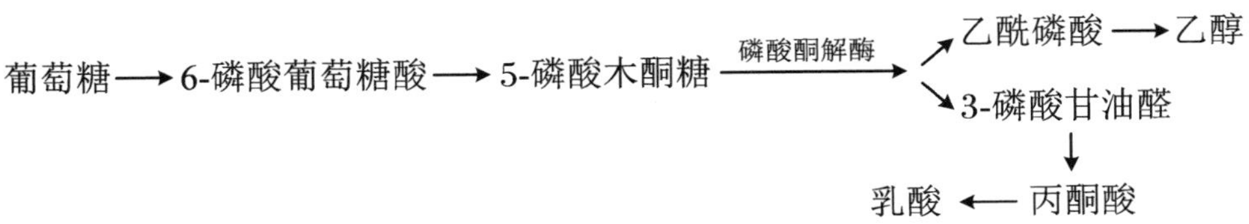

$$
\text{葡萄糖} \longrightarrow \text{6-磷酸葡萄糖酸} \longrightarrow \text{5-磷酸木酮糖} \xrightarrow{\text{磷酸酮解酶}} \begin{array}{l} \nearrow \text{乙酰磷酸} \longrightarrow \text{乙醇} \\ \searrow \text{3-磷酸甘油醛} \\ \qquad\qquad \downarrow \\ \text{乳酸} \longleftarrow \text{丙酮酸} \end{array}
$$

（3）双歧乳酸发酵：

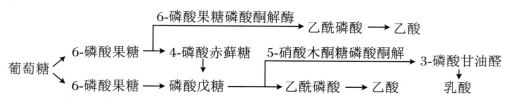

本实验中采用葡萄糖作为原料进行发酵，发酵原理为同型乳酸发酵。

三、实验装置和试剂

（1）装置。主要实验仪器：恒温振荡器，高压蒸汽灭菌锅，发酵罐，干燥箱，电子天平，pH 计，生物传感分析仪，紫外-可见分光光度计，冰柜。其他常规实验器皿：烧杯，量筒，玻璃棒，酒精灯，接种环，培养皿，移液管等。

（2）试剂。① 乳酸发酵菌种：植物乳杆菌。② 发酵培养基每升含蛋白胨 10 g，牛肉膏 10 g，酵母粉 5 g，葡萄糖 50 g，乙酸钠 2 g，柠檬酸二胺 2 g，吐温-80 1 g，磷酸氢二钾 2 g，七水硫酸镁 0.2 g，一水硫酸锰 0.05 g。在配制固体培养基时，每升培养基还需另加入碳酸钙 20 g，琼脂 15 g。在配制种子培养基时，每升培养基需另加入碳酸钙 20 g。每次配制好培养基后，都要将培养基的 pH 调节到 6.8。③ 其他：医用酒精，碳酸氢钠。

四、实验步骤

（1）种子培养基的培养。配制一定量的种子培养基，并在高压蒸汽灭菌锅中灭菌。灭菌条件：121 ℃，20 min。待培养基冷却至室温后，取新鲜斜面菌种一环，接入种子培养基中，在转速为 150 r·min⁻¹ 的摇床中培养 24 h，温度恒定在 37 ℃。

（2）发酵罐灭菌。将配制好的发酵培养基加入到发酵罐中，体积不要超过发酵罐总体积的 2/3。然后将发酵罐和培养基一起放入灭菌锅中进行灭菌。

（3）接种操作。火焰接种法：先用医用酒精擦拭接种口；火圈中加入酒精，点燃后套在接种口上；关小空气进气阀，调节进风，降低罐压，打开接种口盖；在火焰范围内打开种子培养基的瓶塞，在火焰上烧灼几秒钟后，再迅速将种子液倒入发酵罐中；在火焰上灼烧接种口盖数秒后，迅速盖好接种口盖，调节空气进气阀到正常通气量。

（4）发酵培养。接种结束后，对发酵培养过程的各项参数进行设定，开始培养。发酵过程中要打开冷凝器水阀。

具体操作参数：转速为 150 r·min⁻¹；温度为 37 ℃；pH 进行监测；曝气量接种前设定在 60 L·h⁻¹，接种完毕后关闭曝气。

（5）取样操作。在发酵过程中，取样口处的软管用夹子夹死。取样时，先打开夹子，放掉一点管内的发酵液，然后再取样。取样完毕后，再把夹子夹死。

（6）发酵结束处理。发酵结束时，应及时加入 NaHCO₃，使 pH 升高到 10 左右。同时升高温度至 90 ℃，使菌体和其他悬浮物下沉。发酵原液澄清后，将上清液收集到塑料桶中，放入冰柜中保存,用于下一步的提纯。收集发酵原液的沉淀物并集中处理。

五、实验注意事项

在利用发酵罐控制主机进行发酵液 pH 的调节时,要控制它的碱液添加速度,以便碱液与发酵液充分混合反应,确保发酵液的 pH 不被调节得过高而影响微生物的生长。

六、实验结果与分析

参考表 5.1.1 记录实验数据。

表 5.1.1　数据记录

时间（h）	温度	pH	溶氧浓度	葡萄糖	乳酸	生物量
0						
4						
8						
12						
16						
20						
24						
…						

（1）在发酵过程中,残留的葡萄糖含量和生物量是产酸的两个重要指标,要求至少每 4 h 测量一次葡萄糖含量和生物量,同时记录发酵过程的 pH 和温度。

（2）葡萄糖、乳酸的测量。发酵过程中,要间断地取样进行监测。培养基中的葡萄糖和生成的乳酸含量可以通过生物传感分析仪进行测量。样品按照分析仪的操作使用说明进行稀释。使用方法见纳滤法分离糖和盐水溶液实验的附录。

（3）生物量的测量。发酵过程中,乳酸菌的生长情况要及时监测、测量。取样后,将样品用 $0.3\ mol \cdot L^{-1}$ 的稀盐酸溶液进行稀释,目的是去除一些沉淀性盐的影响。使用紫外-可见分光光度计在波长为 600 nm 处,测量吸光度。使用方法见超滤法分离明胶蛋白水溶液实验的附录。

七、思考题

（1）为什么发酵过程中要控制发酵液的 pH?

（2）除了碳酸钙还可以加哪些物质控制发酵液的 pH?

实验二　乳酸发酵液的超滤实验

一、实验目的

（1）了解压力驱动膜的结构、种类及应用范围。

（2）了解影响膜分离效果的因素，包括膜材质、压力和流量等。

（3）掌握超滤的操作流程。

（4）研究乳酸发酵液的超滤预处理最佳条件。

二、实验原理

膜分离是以对组分具有选择性透过功能的膜为分离介质，通过在膜两侧施加（或存在）一种或多种推动力，使原料中的某组分选择性地优先透过膜，从而达到混合物的分离，并实现产物的提取、浓缩、纯化等目的的一种新型分离过程。其推动力可以为压力差（也称跨膜压差）、浓度差、电位差、温度差等。膜分离过程有多种，不同的过程所采用的膜及施加的推动力不同，通常称进料液流侧为膜上游，透过液流侧为膜下游。

压力驱动膜一般包括微滤、超滤和反渗透，这三种膜分离过程的主要特征见表5.2.1。

表 5.2.1　压力驱动的三种膜分离过程的主要特征

过程名称	推动力	传递原理	膜类型	截留组分	透过组分
微滤	压力差 ~100 kPa	筛分	多孔膜	20~10000 nm 粒子	溶液/气体
超滤	压力差 <1000 kPa	筛分	非对称膜	1~100 nm 大分子溶质	小分子溶液
反渗透	压力差 <10000 kPa	优先吸附、毛细管流动、溶解扩散	非对称膜或复合膜	0.1~1 nm 小分子溶质	溶剂/可被电渗析截留组分

微滤、超滤和反渗透都是在膜两侧静压差推动力作用下进行液体混合物分离的膜过程，三者组成了一个从可分离固态微粒到离子的三级膜分离过程。膜过滤过程图谱如图5.2.1所示。

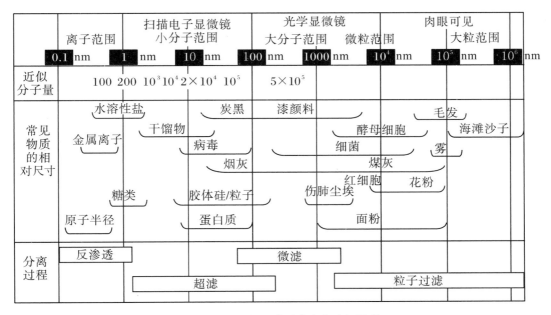

图 5.2.1 压力驱动型膜分离过程图谱

微滤过程中,被膜所截留的通常是颗粒性杂质,可将沉积在膜表明上的颗粒层视为滤饼层,则其实质与常规过滤过程近似。本实验中,含颗粒的混浊液或悬浮液微滤后,经压差推动通过超滤膜组件,改变不同的料液流量,观察透过液侧清液情况。

对于超滤,筛分理论被广泛用来分析其分离机理。该理论认为,膜表面具有无数个微孔,这些实际存在的不同孔径的孔眼像筛子一样,截留住分子直径大于孔径的溶质和颗粒,从而达到分离的目的。应当指出的是,在有些情况下,孔径大小是物料分离的决定因数;但对另一些情况,膜材料表面的化学特性却起到了决定性的截留作用。如有些膜的孔径既比溶剂分子大,又比溶质分子大,本不应具有截留功能,但令人意外的是,它却仍具有明显的分离效果。由此可见,膜的孔径大小和膜表面的化学性质将分别起着不同的截留作用。

发酵液中含有有机酸盐、无机盐、菌丝体、蛋白质、脂肪和糖类等,因此在发酵液预处理时,采用超滤通过筛分原理将大部分菌丝体、蛋白质、脂肪和糖类截留,而得到的透过液则含有机酸盐(主要为乳酸盐)和无机盐类物质。

利用膜分离对发酵液进行预处理的操作流程示意图如图 5.2.2 所示。

三、实验装置和试剂

(1) 装置。陶瓷膜过滤装置 1812 一台,冰柜,电导率仪。

(2) 试剂。乳酸发酵液,NaOH 溶液。

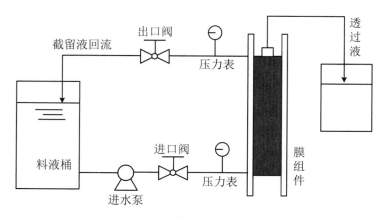

图 5.2.2 膜分离流程示意图

四、实验步骤

(1) 发酵液的准备。将低温保存的发酵液从冰柜中拿出,并待其温度升至室温左右。

(2) 超滤。① 关闭进口阀,向料液桶中加入乳酸发酵液(液位要高于泵体,并且保证足够整个系统循环),打开泵的排气孔,排尽泵内部的空气后,再拧紧。

② 合上电源,启动泵,打开出口阀,并半开进口阀,然后从小到大逐渐关闭出口阀,使出口压力表的读数为 0.4 MPa,记下通量。并分别测定料液、透过液、截留液中乳酸的含量。

③ 测定完毕后,先打开出口阀,再关上进口阀,停止进料泵。

(3) 超滤设备的清洗。实验结束后,组件要进行清洗,清洗时,进口压力在 0.2 MPa,使清洗泵在系统内循环,清洗程序如下:

① 用热自来水(40 ℃)清洗一遍。

② 用 0.1 mol·L^{-1} 的 NaOH 溶液清洗一遍。

③ 用热自来水(40 ℃)再清洗一遍。

④ 最后用室温下的自来水清洗一遍(每换一次洗液,都要重复步骤(2)中的①~③的步骤)。

(4) 样品储存。将超滤后的发酵液用灭过菌的塑料桶收集,并放在冰柜中低温保存。

五、实验注意事项

(1) 在实验过程中,进料槽内的液体不能降低到进料泵会吸入空气的水平高度,吸入空气会使泵及膜受到损坏。

(2) 所使用的压力不能超过表的读数范围,应控制在 0.6 MPa 以内。

(3) 应遵循原则:开时,先开电源,再开进口阀;关时,先关进口阀,再关电源。

六、实验结果与分析

参考表 5.2.2 进行实验数据的记录与整理。

表 5.2.2　数据记录与整理

料液	实验序号	进口压力	出口压力	平均压力	透过液通量	透过液电导率	截留液电导率
发酵液	1						
	2						
	3						

七、思考题

（1）超滤适合分离煤灰吗？
（2）生活污水通过超滤后可以饮用吗？可以通过超滤实现自来水的灭菌吗？
（3）试列举一些实际生活中与过滤有关的实例。

实验三　乳酸发酵液的螯合树脂离子交换实验

一、实验目的

（1）了解多价阳离子对膜造成的污染。
（2）掌握螯合树脂离子交换的操作流程。
（3）研究离子交换脱除乳酸发酵液中多价阳离子的最佳条件。

二、实验原理

不论压力驱动膜还是电驱动膜，膜污染都是普遍存在而又不能忽视的问题，因为它不仅影响膜系统的运行效率，而且还影响系统的稳定性。对于电驱动膜过程来说，膜污染主要有三类：其一是结垢类，如 $CaCO_3$、$CaSO_4 \cdot 2H_2O$、$Ca(OH)_2$、$Mg(OH)_2$、$BaSO_4$、$SrSO_4$ 等；其二是胶体类，如 SiO_2、$Fe(OH)_3$、$Al(OH)_3$、$Cr(OH)_3$ 等；其三是有机类，如蛋白质、乳清、聚电解质、腐殖质、SDS、海藻酸钠、类胡萝卜素等。对于结垢类污染物，可以通过调节 pH 或者加柠檬酸或 EDTA 进行清洗；对于胶体类污染物，可以通过微滤或超滤预处理进行去除；对于有机类污染物，可以通过微滤或者超滤，或者活性炭等预处理进行去除，或者采用 NaOH 进行清洗。

对膜污染的治理策略,防患于未然最可取,因为如果一旦形成污染层,那么膜的清洗不仅不彻底,而且长期清洗还会导致膜的损伤。对于大粒径污染物,超滤具有很好的截留效果,但是对于多价离子(如 Ca^{2+}、Mg^{2+} 等)的脱除就显得无能为力。这种情况下一般采用螯合树脂离子交换技术进行多价离子的去除。在应用双极膜电渗析时,国际惯例就明确规定多价离子的总量在 $1\sim5$ ppm,因此采用这种螯合树脂离子交换技术进行预处理就显得十分必要。

螯合树脂去除多价离子的原理建立在螯合树脂对离子的选择性上,也就是说螯合树脂对多价离子的结合能力强于对一价离子的结合能力。以含有氨基膦酸基团的螯合树脂 Duolite C467 为例,其钙钠选择性系数 $K_{Ca/Na}$ 可以达到 166。

三、实验装置和试剂

(1) 装置。离子交换柱,自动滴定仪,酸式滴定管,钢钎,冰柜。

(2) 试剂。超滤后的发酵液,螯合树脂,Ca^{2+} 和 Mg^{2+} 测定所需的试剂(EDTA、钙指示剂、铬黑 T),去离子水。

四、实验步骤

(1) 发酵液的解冻。将低温保存的发酵液从冰柜中拿出,于室温下解冻。

(2) 离子交换柱的制作。① 将 Na^+ 型螯合树脂填充到酸式滴定管中,具体体积为酸式滴定管总体积的 2/3~3/4。

② 关闭酸式滴定管阀门,倒入适量的去离子水,使去离子水略淹没离子交换树脂。如果阀门附近的树脂之间有气泡,就采用放流方式排除气泡;如果中上部树脂间有气泡,则用钢钎插入树脂中,将气泡赶出。总之,确保流体通过树脂时均匀而顺畅。

(3) 离子交换。① 将 20 mL 发酵液分次倒入酸式滴定管上端,同时调节酸式滴定管阀门的开合程度,使得发酵液缓慢通过离子交换树脂,总过程约 20 min。

② 等交换完毕后,取适量去离子水洗涤离子交换树脂(每次 20 mL,共 3 次),将洗涤液与交换后的发酵液收集在一起,并量取总体积。

(4) 钙、镁的测定。取适量的发酵液和交换后的发酵液,分别测定 Ca^{2+}、Mg^{2+} 浓度,计算实验前后 Ca^{2+}、Mg^{2+} 的去除率。

(5) 样品储存。将离子交换后的发酵液放入冰柜,低温保存。

五、实验结果与分析

参考表 5.3.1 进行实验数据的记录与整理。

表 5.3.1　数据记录与整理

实验序号	待测样品	体积（mL）	Ca^{2+} 浓度（mol·L^{-1}）	Mg^{2+} 浓度（mol·L^{-1}）	Ca^{2+} 去除率（%）	Mg^{2+} 去除率（%）
1	发酵液					
	交换液					
2	发酵液					
	交换液					

六、思考题

（1）在结垢的电驱动膜污染层中除了含有 Ca(OH)$_2$ 以外，还含有 CaCO$_3$，请问碳酸根的主要来源是什么？

（2）对于饱和的螯合树脂，要用哪种试剂进行再生？阐述其机理。

实验四　普通电渗析浓缩乳酸盐实验

一、实验目的

（1）了解普通电渗析进行浓缩－淡化的基本原理。

（2）掌握普通电渗析操作的基本流程。

（3）研究普通电渗析浓缩乳酸盐的最佳条件。

二、实验原理

电渗析是指在直流电场中将阴离子交换膜、阳离子交换膜、双极膜等按设定次序排列，用以实现反应、分离的技术。电渗析的种类包括普通电渗析、电复分解、电离子注射萃取、电解电渗析、双极膜电渗析等，其功能包括电解质溶液的浓缩和/或淡化、酸碱生产或再生、无机/有机合成、酸化和/或碱化等。除了自身众多功能外，电渗析由于其集成性优异，还可以和传统化工单元操作或者其他膜技术组合发展成高效集成分离或反应技术，可以用于超纯水的制备（离子交换树脂填充床电渗析＋砂滤＋微滤＋超滤＋纳滤＋反渗透）、海水提钾提碘（电渗析＋沸石吸附）、Co/Ni 分离富集（电渗析＋络合）、有机酸发酵液在线提取（电渗析＋萃取＋反萃）、蛋白质分离（电渗析＋超滤）、气体净化（电渗析＋吸收＋气提）等。

在本实验中采用的电渗析技术是普通电渗析，其中用到的离子交换膜有阴离子交换膜和

阳离子交换膜。在此电渗析装置中,除了离子交换膜外还有以下主要组成部分:

1. 电极端板

电极端板通常由聚氯乙烯、聚丙烯等高分子工程材料构成。通过在端板正面开口,将流体导入膜堆内部。同时,端板具有较好的机械强度,通过锁紧螺栓,将膜堆两端固定。此外,端板起到固定电极板的作用,通常在端板侧面开口,引入电解质溶液,形成电流回路。

2. 流道板

通用的流道板形状如图 5.4.1 所示。将溶液从位于底部的入口流道孔给入,通过导流槽并进入到电流通过区,然后,溶液会通过出口导流槽排出到配置在头部的流道孔。流道板有下列功能:① 防止溶液从电渗析器的内部泄漏到外部。② 调节阳离子交换膜和阴离子交换膜之间的距离。③ 防止导流槽截面处发生淡化室和浓缩室之间的漏液。为了防止漏液,希望采用软材料作为隔板。此外,希望采用硬的和稳定的材料以避免在长期运行过程中尺寸改变。可从橡胶、乙烯－醋酸乙烯酯共聚物、聚氯乙烯、聚乙烯等材料中选择隔板材料。隔板的厚度通常在 1 mm 左右。

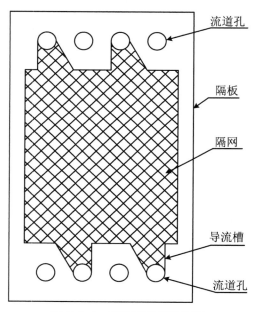

图 5.4.1　流道板形状示意图

3. 隔网

隔网的作用是为了保持膜间的距离。此外,由于溶液的湍流,隔网可提高极限电流密度。选择隔网时应考虑以下几点:① 低的摩擦压头损失。② 低的电流屏蔽效应。③ 易于排出空气。④ 不易由于悬浮在料液中的细粒子沉淀而造成液流堵塞。隔网的结构有很多种:①发泡聚氯乙烯(PVC)网。② 波纹多孔板。③ 对角网。④ Mikosiro 编织网。⑤ 蜂窝网。

4. 电极和极室

在电渗析器的两端要放置电极,并形成相应的极室(阳极室和阴极室)。电极的作用就是提供一个贯穿整个膜堆的电场。电极的材料有很多种:钛涂辽、钛涂铂、石墨、磁铁矿石、不锈钢或者铁等。可将电极的形状分成网状、条状和平板状。在电极端板和封端离子膜之间插入电极流道板以防止溶液的混合,并形成阳极室和阴极室。将酸液加入阴极液中且电渗析器在控制阴极液的 pH 条件下运行以防止氢氧化镁在阴极室内沉定。将亚硫酸钠或硫代硫酸钠加入阳板液中,以降低阳极液中的氧化性物质的浓度。有时,将硫酸钠溶液加到阳极室和阴极室中,借助两室流出液的混合以达到中和的目的。

对于普通电渗析,它的典型用途是盐溶液的浓缩-淡化,在实际生产中用得最多的就是海水、苦卤水或卤水的淡化和提盐。电渗析的原理如图 4.3.6 所示,高盐度水进入阴离子交换膜(A)和阳离子交换膜(C)之间的隔室,在电场作用下,盐阳离子(M^+)和盐阴离子(X^-)分别通过阳离子交换膜和阴离子交换膜迁移出隔室,从而高盐度水得以脱盐淡化,而在其毗邻隔室的盐得以浓缩。

三、实验装置和试剂

(1) 装置。生物传感分析仪;直流稳压电源;CJ-ED-01 多功能膜板框(购于合肥科佳高分子材料科技有限公司,单片膜有效面积 40 cm²),外配 1000 mL 的烧杯 4 只,长度约为 0.5 m 的硅胶管 8 根;小潜水泵 4 个;冰柜。

(2) 试剂。预处理后的发酵液 500 mL;极水:0.3 mol·L^{-1} 的 Na_2SO_4 溶液 1000 mL(阴极室和阳极室各 500 mL)。

四、实验步骤

(1) 组装膜堆。参照电渗析原理图(图 4.3.6),并按照"阳极板—电极流道板 1—阳膜—流道板 A—阴膜—流道板 B—阳膜……电极流道板 2—阴极板"的顺序组装膜堆(参考图 4.3.4)。组装好后,用长杆螺钉压紧并锁紧膜堆。螺钉一共 10 根,用于装置压紧时应注意均匀、对称用力,防止装置变形或脆断。

(2) 连接外围设备。将电极板上的相应接口分别连接上出水管和进水管,再将进水管与外置烧杯中的潜水泵出口连接,而出水管的出口端接入此烧杯中,确保循环通路的畅通。

(3) 注入料液和极水。在 C-A 间的隔室(浓缩室)中注入去离子水,在 A-C 间的隔室(淡化室)中注入预处理后的发酵液,在极室注入极水,保证料液淹没潜水泵。

(4) 通电操作。先启动潜水泵,确保各隔室充满液体,并循环 15~20 min,将隔室中的气泡排尽。再将直流电源的正极和负极分别与膜堆的阳极引线和阴极引线连接,通电后该套电渗析装置即开始工作,采用恒电压(如 30 V)操作模式,利用电导率仪检测淡化室和浓缩室溶液的电导率。

(5) 停止操作。当淡化室溶液的电导率低于 0.9 mS·cm^{-1} 时,结束实验,先关闭直流稳压电源,再停止潜水泵。并将电渗析的各个隔室用去离子水清洗 3 遍。

(6) 样品储存。将浓缩液放入冰柜,低温保存。

五、实验注意事项

(1) 如果装置发生漏液,请进一步压紧装置;如果情况得不到改善,请将装置拆卸、查找原因(可能要更换垫圈、增加垫圈厚度等)。

（2）实验完毕后,请将隔室、烧杯和潜水泵内的料液或电解质溶液清洗干净。

（3）若长期不用,请将装置拆卸还原,并确保各组件的干燥和清洁。

六、实验结果与分析

（1）参考表5.4.1记录与整理实验数据。

表 5.4.1　数据记录与整理

时间(min)	0	5	10	15	20	25	30	35	40	...
电压(V)										
电流(A)										
淡化室乳酸盐浓度(mg·L^{-1})										
浓缩室乳酸盐浓度(mg·L^{-1})										

（2）根据以上数据绘制电流-时间关系图以及淡化室、浓缩室乳酸盐浓度-时间关系图。

（3）根据下面的公式计算电渗析的脱盐率(R)和电流效率(η)：

脱盐率(R)计算公式：

$$R = \frac{C_0 - C_t}{C_0} \times 100\% \tag{5.4.1}$$

式中,R 为脱盐率,%;C_0,C_t 为淡化室中乳酸盐在通电时间为 0 和 t 时的浓度,mg·L^{-1}。

电流效率(η)的计算公式：

$$\eta = \frac{zVF(C_0 - C_t)}{It} \times 100\% \tag{5.4.2}$$

式中,z 为计算电流效率基准物的化合价(此值为绝对值,本实验中,计算基准物为乳酸盐,乳酸根离子的化合价为 -1,故 $z = 1$);V 为淡化室溶液的体积,L;F 为法拉第常数,C·mol^{-1};C_0,C_t 为淡化室中乳酸盐在通电时间为 0 和 t 时的浓度,mol·L^{-1};I 为操作电流,A;t 为操作时间,s。

注　计算过程中注意各个变量的单位转换及统一。

七、思考题

（1）为什么电渗析在通电初始阶段电流强度很低? 有什么改善措施?

（2）在不改变产品纯度的前提下,如何提高电渗析的电流强度?

（3）电流效率是评估一个电渗析过程的重要参数。试简述电流效率所代表的含义及计算方法。

实验五　双极膜电渗析制备乳酸实验

一、实验目的

(1) 了解双极膜电渗析产酸产碱的基本原理。

(2) 掌握双极膜电渗析操作的基本流程。

(3) 研究双极膜电渗析转化乳酸的最佳条件。

二、实验原理

双极膜是一种新型离子交换复合膜,它通常由阳离子交换层和阴离子交换层复合而成。它的典型功能就是在反向偏压下产生水解离,如图 5.5.1 所示,从而产生 H^+ 和 OH^- 离子,而不像水电解反应产生气体。在反向偏压作用开始后,双极膜界面预先吸附的阳离子会透过阳膜层到达阴极,而吸附的阴离子则会通过阴膜层到达阳极,结果就是双极膜界面部分电解质浓度会降低,膜的电阻增大。当电压足够大时,因电迁移从界面迁出的离子会比因扩散从外相溶液中进入界面层的离子多,会使界面层的离子耗尽,发生水的解离,使溶液的 pH 发生变化。

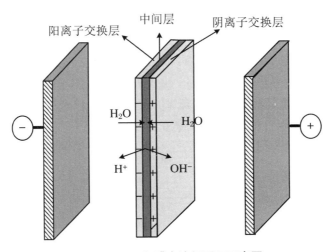

图 5.5.1　双极膜电渗析原理示意图

作为一种新型的膜过程,双极膜及其水解离技术,在化工生产、环境保护、生物技术、食品工业等领域中发挥了巨大的作用。双极膜电渗析的主要应用总结见表 4.4.1。

双极膜电渗析就是基于双极膜特有水解离现象和普通电渗析的原理发展起来的,它是以双极膜代替普通电渗析的部分阴、阳膜或者在普通电渗析的阴、阳膜之间加上双极膜构成的。双极膜电渗析的最基本应用是在反向偏压下产生水解离生成 H^+ 和 OH^-，分别和盐阴离子（X^-）、盐阳离子（M^+）结合生产酸（HX）和碱（MOH），从而实现从盐溶液制备相应的酸和碱。双极膜电渗析转化乳酸盐的原理示意图如图 5.5.2 所示。

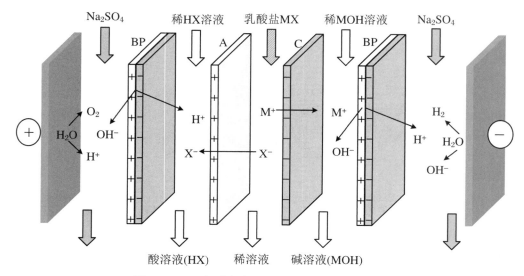

图 5.5.2　双极膜电渗析转化乳酸盐的原理示意图

三、实验装置和试剂

（1）装置。直流稳压电源；CJ-ED-01 多功能膜板框（购于合肥科佳高分子材料科技有限公司，单片膜有效面积 40 cm²），外配 1000 mL 的烧杯 5 只，硅胶管 10 根；小型潜水泵 5 个；生物传感分析仪。

（2）试剂。发酵液 500 mL；电极室用水（极水）：$0.3 \ mol \cdot L^{-1}$ 的 Na_2SO_4 溶液，1000 mL（阴极室和阳极室各 500 mL）；酸室和碱室为蒸馏水；NaOH 标准溶液：$0.005 \ mol \cdot L^{-1}$（用邻苯二甲酸氢钾标定准确浓度）；HCl 标准溶液：$0.005 \ mol \cdot L^{-1}$（用 NaOH 标准溶液标定准确浓度）；指示剂：甲基橙、酚酞。

四、实验步骤

（1）组装膜堆。按"阳极板—隔板—双极膜—隔板—阴膜—隔板—阳膜—隔板—双极膜—隔板—阴极板"顺序组装（参考图 4.4.3），用长杆螺钉压紧膜堆。保证双极膜的阳膜侧朝向阴极板。螺钉一共 10 根，用于装置压紧，压紧时注意均匀用力，防止装置变形脆断。

（2）连接外围设备。将电极板接口分别连接上出水管和进水管，再将进水管与外置烧杯中的潜水泵出口连接，而出水管的出口端连接到烧杯中，确保循环通路的畅通。

（3）注入料液和极水。在盐室中注入料液，在极室中注入极水，在酸室和碱室中注入蒸馏水,并保证料液淹没潜水泵。

（4）通电操作。先启动潜水泵,确保各个隔室充满液体,并将隔室中的气泡排尽。再将直流电源的正极和负极分别与膜堆的阳极引线和阴极引线连接,通电后该套双极膜电渗析装置即开始工作,采用恒电压(60 V)操作模式。每 5 min 记录一次电压、电流值。

（5）取样分析。在通电操作后,每隔一段时间(如 10 min)从酸室和碱室同时取样(1 mL),采用酸碱滴定法测定酸室和碱室的浓度,对最终酸产品采用生物传感分析仪进行分析(使用方法见纳滤法分离糖和盐的水溶液实验的附录),计算乳酸的产率和电流效率。

（6）停止操作。实验结束后,先关闭直流稳压电源,再停止潜水泵。

五、实验注意事项

（1）如果装置发生漏液,请进一步压紧装置;如果情况得不到改善,请更换垫圈或增加其厚度。

（2）实验完毕后,将各个隔室、烧杯和潜水泵内的料液或电解质溶液清洗干净。

（3）若长期不用,将装置拆卸还原,并确保各组件的干燥和清洁。

六、实验结果与分析

（1）实验数据参考表 5.5.1 与表 5.5.2 进行记录与整理。

表 5.5.1　数据记录与整理

时间(min)	0	5	10	15	20	25	30	35	40	…
电压(V)										
电流(A)										
酸室酸浓度(mol·L^{-1})										
碱室碱浓度(mol·L^{-1})										
产酸电流效率(%)										
产碱电流效率(%)										

表 5.5.2　最终数据

实验最终乳酸浓度(mol·L^{-1})	实验最终乳酸溶液体积(L)	实验最终乳酸总量(mol)

（2）关于产酸量(N_{acid})和产碱量(N_{base})以及它们各自的电流效率(η_{acid} 和 η_{base}),根据下面的公式计算:

$$N_{acid} = (C_{at} - C_{a0}) \times V_{acid} \tag{5.5.1}$$

$$\eta_{\text{acid}} = \frac{N_{\text{acid}} F}{It} \times 100\% \tag{5.5.2}$$

$$N_{\text{base}} = (C_{\text{b}t} - C_{\text{b0}}) \times V_{\text{base}} \tag{5.5.3}$$

$$\eta_{\text{base}} = \frac{N_{\text{base}} F}{It} \times 100\% \tag{5.5.4}$$

式中，C_{a0}，$C_{\text{a}t}$ 为酸室中酸在通电时间为 0 和 t 时的浓度，$\text{mol} \cdot \text{L}^{-1}$；$C_{\text{b0}}$，$C_{\text{b}t}$ 为碱室中碱在通电时间为 0 和 t 时的浓度，$\text{mol} \cdot \text{L}^{-1}$；$V_{\text{acid}}$ 为酸室溶液体积，L；V_{base} 为碱室溶液体积，L；F 为法拉第常数，$\text{C} \cdot \text{mol}^{-1}$；$I$ 为操作电流，A；t 为操作时间，s。

七、思考题

(1) 乳酸分子在电渗析过程中会扩散到其他隔室吗？

(2) 在双极膜电渗析过程中，各隔室体积是否有变化？原因是什么？

(3) 双极膜电渗析通电操作过程中，可能会发生的离子或分子传质过程都有哪些？这些传质过程对双极膜电渗析过程的效率都有什么影响？

(4) 双极膜电渗析通电操作过程中，除了双极膜能够发生水解离，单极膜（如阴离子交换膜和阳离子交换膜）能不能发生水解离？为什么？

实验六　发酵过程与双极膜电渗析的集成操作

一、实验目的

(1) 了解发酵过程与双极膜电渗析能够集成的基本理论。

(2) 熟悉发酵罐与双极膜电渗析的基本操作。

(3) 研究发酵过程与双极膜电渗析集成操作的最佳条件。

二、实验原理

发酵生产乳酸的过程中，由于乳酸的不断产生，会造成发酵液的 pH 不断下降。pH 过低会影响发酵液中乳酸菌种的活性，甚至造成死亡现象的发生，这样就会直接影响发酵过程的效率。传统的生产方法是在发酵液中投加生石灰或碳酸钙等盐来中和产生的乳酸，维持发酵液的 pH 在中性范围内。乳酸的提取工艺如图 5.6.1 所示。传统工艺过程中，会产生大量的硫酸钙副产物而无法有效地处理。双极膜电渗析在将乳酸盐转化为乳酸的同时，可以生成碱液（如乳酸盐为 MX，则会产生碱液 MOH）。这样，在提取乳酸的同时，副产物（碱液 MOH）也可以得到再次利用，即将碱液返回至发酵过程进行发酵液的 pH 的调节。新型化工生产追求过程的集成性、高效性,尽可能地减少原料或产品的周转过程。所以在此基础上,我们提出将发酵过程与双极膜电渗析进行集成,在提取回收乳酸产品的同时,又能进行乳酸的发酵生产。

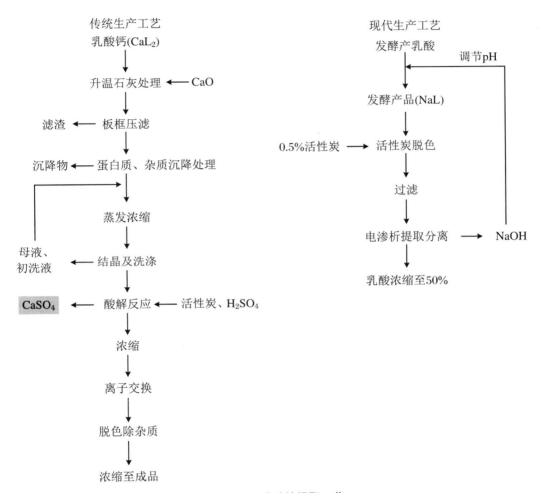

图 5.6.1　乳酸的提取工艺

三、实验装置、材料和试剂

(1) 装置。恒温振荡器,高压蒸汽灭菌锅,发酵罐,干燥箱,电子天平,pH 计,生物传感分析仪,分光光度计,冰柜。其他常规实验器皿:烧杯,量筒,玻璃棒,酒精灯,接种环,培养皿,移液管等。直流稳压电源;CJ-ED-01 多功能膜板框(购于合肥科佳高分子材料科技有限公司,单片膜有效面积 40 cm²),外配容量为 1000 mL 的烧杯 5 只,硅胶管(约 0.5 m 长)10 根;小型潜水泵 5 个。

(2) 材料。乳酸发酵菌种:植物乳杆菌。

(3) 试剂。医用酒精,发酵液 500 mL;电极室用水(极水):$0.3\ mol \cdot L^{-1}$ 的 Na_2SO_4 溶液,

1000 mL(阴极室和阳极室各 500 mL);酸室和碱室为蒸馏水。

发酵培养基每升含蛋白胨 10 g,牛肉膏 10 g,酵母粉 5 g,葡萄糖 50 g,乙酸钠 2 g,柠檬酸二胺 2 g,吐温-80 1 g,磷酸氢二钾 2 g,七水硫酸镁 0.2 g,一水硫酸锰 0.05 g。在配制固体培养基时,每升培养基还需另加入碳酸钙 20 g,琼脂 15 g。在配制种子培养基时,每升培养基需另加入碳酸钙 20 g。每次配制好培养基后,都要将培养基的 pH 调节到 6.8。

四、实验步骤

(一)双极膜电渗析的准备

(1)组装膜堆。按"阳极板—隔板—双极膜—隔板—阴膜—隔板—阳膜—隔板—双极膜—隔板—阴极板"顺序组装(参考图 4.4.3),用长杆螺钉压紧膜堆。保证双极膜的阳膜侧朝向阴极板。螺钉一共 10 根,用于装置压紧时注意均匀用力,防止装置变形脆断。

(2)连接外围设备。将电极板接口分别连接上出水管和进水管,再将进水管与外置烧杯中的潜水泵出口连接,而出水管的出口端连接到烧杯中,确保循环通路的畅通。

(3)注入料液和极水。在盐室中注入料液,在极室中注入极水,在酸室和碱室中注入蒸馏水,保证料液淹没潜水泵。

(二)发酵过程的准备

(1)种子培养基的培养。配制一定量的种子培养基,并在高压蒸汽灭菌锅中灭菌。灭菌条件:121 ℃,20 min。待培养基冷却至室温后,取新鲜斜面菌种一环,接入种子培养基中,在转速为 150 r·min^{-1} 的摇床中培养 24 h,温度恒定在 37 ℃。

注 此次配制培养基不用添加碳酸钙。

(2)发酵罐灭菌。将配制好的发酵培养基加入到发酵罐中,体积不要超过发酵罐总体积的 2/3。然后将发酵罐和培养基一起放入灭菌锅中进行灭菌。灭菌操作参见发酵罐的使用说明书。

(3)接种操作。火焰接种法:先用医用酒精擦拭接种口;火圈中加入酒精,点燃后套在接种口上;关小空气进气阀,调节进风,降低罐压,打开接种口盖;在火焰范围内打开种子培养基的瓶塞,在火焰上烧灼几秒钟后,再迅速将种子液倒入发酵罐中;在火焰上烧灼接种口盖数秒后,迅速盖好接种口盖,关闭空气进气阀。

(4)发酵培养。接种结束后,对发酵培养过程的各项参数进行设定,开始培养。发酵过程中要打开冷凝器水阀。

具体操作参数:转速为 150 r·min^{-1},温度为 37 ℃,pH 为 6.7。

(三)发酵罐与双极膜电渗析的集成操作

如图 5.6.2 所示,将双极膜电渗析的碱液生产隔室通过发酵罐控制主机箱上的蠕动泵与发酵罐进行连接。为了降低发酵罐中染杂菌的风险,连接的管子也要进行灭菌操作。发酵罐内的 pH 由 pH 计进行实时监测,当 pH 低于设定值时,由蠕动泵自动将双极膜电渗析的碱液隔室中的碱液泵入发酵罐进行调节。

（四）操作过程的监测

集成操作过程中,要对发酵罐和双极膜电渗析同时进行监测,防止一方出现问题导致集成操作的失败。发酵过程:每1 h记录pH、温度,每4 h测量残余葡萄糖的量,观察发酵过程是否正常。双极膜电渗析:每1 h记录电压、电流,每4 h测量酸室中乳酸的浓度,并记录碱室中碱液的体积。

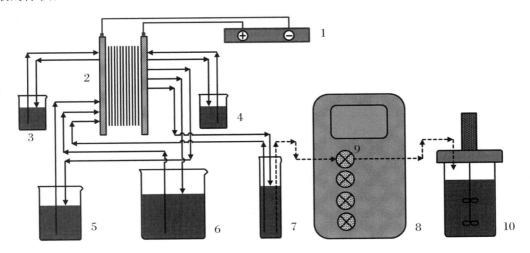

图5.6.2　发酵过程与双极膜电渗析集成流程示意图

1. 直流稳压电源；　2. 双极膜电渗析膜堆；　3. 阴极室；　4. 阳极室；　5. 乳酸生产隔室；　6. 料液室；　7. 碱液生产隔室；　8. 发酵罐控制主机箱；　9. 蠕动泵；　10. 发酵罐

（五）乳酸发酵液的初步提取

实验结束后,应及时向发酵罐中加入 $NaHCO_3$,使 pH 升高到 10 左右。同时升高温度至 90 ℃,使菌体和其他悬浮物下沉。发酵原液澄清后,将上清液收集到塑料桶中,放入冰柜中保存,用于下一步的提纯。澄清后的沉淀物集中进行处理。

五、实验注意事项

（1）对于双极膜电渗析,实验结束后将各个隔室、烧杯和潜水泵内的料液或电解质溶液清洗干净。

（2）若长期不用,将装置拆卸还原,并确保各组件的干燥和清洁。

六、实验结果与分析

（1）实验数据参考表5.6.1至表5.6.3进行记录。

表 5.6.1　发酵过程数据记录表

时间(h)	温度	pH	溶氧浓度	葡萄糖	乳酸	生物量
0						
4						
8						
12						
16						
20						
...						

表 5.6.2　双极膜电渗析过程数据记录

时间(h)	电压(V)	电流(A)	酸室酸浓度 $(mol \cdot L^{-1})$	碱室碱液体积(mL)	产酸电流效率(%)	产碱电流效率(%)
0						
4						
8						
12						
16						
20						
...						

表 5.6.3　最终数据

实验最终乳酸浓度$(mol \cdot L^{-1})$	实验最终乳酸溶液体积(L)	实验最终乳酸总量(mol)

（2）关于产酸量（N_{acid}）和产碱量（N_{base}）以及它们各自的电流效率（η_{acid} 和 η_{base}），用本章实验五中数据处理部分所列出公式进行计算。

（3）关于葡萄糖、乳酸和生物量的测量，同本章实验一。

七、思考题

（1）在发酵罐与双极膜电渗析集成操作过程中，如何确保双极膜电渗析的碱室中产生的碱液能够满足发酵过程所需？

（2）集成操作过程中，双极膜电渗析酸室生产乳酸的结果与单独双极膜电渗析过程生产乳酸的结果（本章实验五）相比，有什么区别？造成此区别的原因有哪些？

附　　录

附录一　常用物理量的单位和量纲

一、常用物理量的单位和量纲

物理量	绝对单位制			重力单位制	
	cgs 单位	SI 单位	量纲式	工程单位	量纲式
长度	cm	m	L	m	L
质量	g	kg	M	$kgf \cdot s^2 \cdot m^{-1}$	$L^{-1}FT^2$
力	$g \cdot cm \cdot s^{-2} = dyn$	$kg \cdot m \cdot s^{-2} = N$	LMT^{-2}	kgf	F
时间	s	s	T	s	T
速度	$cm \cdot s^{-1}$	$m \cdot s^{-1}$	LT^{-1}	$m \cdot s^{-1}$	LT^{-1}
加速度	$cm \cdot s^{-2}$	$m \cdot s^{-2}$	LT^{-2}	$m \cdot s^{-2}$	LT^{-2}
压力	$dyn \cdot cm^{-2} = bar$	$N \cdot m^{-2} = Pa$	$L^{-1}MT^{-2}$	$kgf \cdot m^{-2}$	$L^{-2}F$
密度	$g \cdot cm^{-3}$	$kg \cdot m^{-3}$	$L^{-3}M$	$kgf \cdot s^2 \cdot m^{-4}$	$L^{-4}FT^2$
黏度	$dyn \cdot s \cdot cm^{-2} = P$	$N \cdot s \cdot m^{-2} = Pa \cdot s$	$L^{-1}MT^{-1}$	$kgf \cdot s \cdot m^{-2}$	$L^{-2}FT$
温度	℃	K	θ	℃	θ
能量或功	$dyn \cdot cm = erg$	$N \cdot m = J$	L^2MT^{-2}	$kgf \cdot m$	LF
热量	cal	J	L^2MT^{-2}	kcal	LF
比热容	$cal \cdot g^{-1} \cdot ℃^{-1}$	$J \cdot kg^{-1} \cdot K^{-1}$	$L^2T^{-2}\theta^{-1}$	$kcal \cdot kgf^{-1} \cdot ℃^{-1}$	$L\theta^{-1}$
功率	$erg \cdot s^{-1}$	$J \cdot s^{-1} = W$	L^2MT^{-3}	$kgf \cdot m \cdot s^{-1}$	LFT^{-1}
热导率	$cal \cdot cm^{-1} \cdot s^{-1} \cdot ℃^{-1}$	$W \cdot m^{-1}K^{-1}$	$LMT^{-3}\theta^{-1}$	$kcal \cdot m^{-1} \cdot s^{-1} \cdot ℃^{-1}$	$FT^{-1}\theta^{-1}$
传热系数	$cal \cdot cm^{-2} \cdot s^{-1} \cdot ℃^{-1}$	$W \cdot m^{-2} \cdot K^{-1}$	$MT^{-3}\theta^{-1}$	$kcal \cdot m^{-2} \cdot s^{-1} \cdot ℃^{-1}$	$FL^{-1}T^{-1}\theta^{-1}$
扩散系数	$cm^2 \cdot s^{-1}$	$m^2 \cdot s^{-1}$	L^2T^{-1}	$m^2 \cdot s^{-1}$	L^2T^{-1}

二、单位换算表

物理量	名称	单位称号	换算关系
力	牛顿 公斤(千克力)	N kgf	$1 \text{ N} = 1 \text{ kg} \cdot \text{m} \cdot \text{s}^{-2} = 10^5 \text{ dyn}$ $1 \text{ dyn} = 1 \text{ g} \cdot \text{cm} \cdot \text{s}^{-2}$ $1 \text{ kgf} = 9.81 \text{ N}$
长度	米 厘米 毫米 英寸 微米 埃	m cm mm in μm Å	$1 \text{ m} = 100 \text{ cm} = 10^3 \text{ mm}$ $1 \text{ in} = 25.4 \text{ mm}$ $1 \ \mu\text{m} = 10^{-6} \text{ m} = 10^{-3} \text{ mm}$ $1 \text{ Å} = 10^{-10} \text{ m}$
面积	米² 厘米² 毫米²	m² cm² mm²	$1 \text{ m}^2 = 10^4 \text{ cm}^2 = 10^6 \text{ mm}^2$ $1 \text{ m}^2 = 1550 \text{ in}^2$
体积	米³ 厘米³ 升	m³ cm³ L	$1 \text{ m}^3 = 10^6 \text{ cm}^3 = 10^3 \text{ L}$ $1 \text{ L} = 1000 \text{ mL}$ $1 \text{ L} = 10^3 \text{ cm}^3$
压力 (压强)	帕斯卡 托 物理大气压 工程大气压 巴	Pa Torr atm at bar	$1 \text{ Pa} = 1 \text{ N} \cdot \text{m}^{-2}$ $1 \text{ Torr} = 1 \text{ mmHg}$ $1 \text{ atm} = 1.013 \times 10^5 \text{ Pa} = 1.013 \text{ kgf} \cdot \text{cm}^{-2}$ 　　　$= 1.033 \times 10^4 \text{ kgf} \cdot \text{m}^{-2} = 10.33 \text{ mH}_2\text{O}$ $1 \text{ at} = 9.81 \times 10^4 \text{ Pa} = 9.81 \times 10^4 \text{ N} \cdot \text{m}^{-2}$ 　　　$= 1 \text{ kgf} \cdot \text{cm}^{-2} = 10^4 \text{ kgf} \cdot \text{m}^{-2}$ 　　　$= 735.6 \text{ mmHg} = 10 \text{ mH}_2\text{O} = 0.9678 \text{ atm}$ $1 \text{ bar} = 10^5 \text{ N} \cdot \text{m}^{-2} = 1.02 \times 10^4 \text{ kgf} \cdot \text{m}^{-2}$ 　　　$= 0.9869 \text{ atm} = 1.02 \text{ at} = 750 \text{ mmHg}$
热、功、能	焦耳 千卡 千瓦·小时	J kcal kW·h	$1 \text{ J} = 1 \text{ N} \cdot \text{m}$ $1 \text{ kcal} = 4.187 \text{ kJ} = 427 \text{ kgf} \cdot \text{m}$ $1 \text{ kW} \cdot \text{h} = 3.6 \times 10^6 \text{ J} = 860 \text{ kcal} = 1.341 \text{ 马力} \cdot \text{小时}$
功率	瓦特 千瓦	W kW	$1 \text{ W} = 1 \text{ J} \cdot \text{s}^{-1}$ $1 \text{ kW} = 10^3 \text{ W} = 102 \text{ kgf} \cdot \text{m} \cdot \text{s}^{-1}$

物理量	名称	单位称号	换算关系
黏度	泊 厘泊	P cP	$1 \text{ P} = 1 \text{ g} \cdot \text{cm}^{-1} \cdot \text{s}^{-1} = 1 \text{ dyn} \cdot \text{s}^{-1} \cdot \text{cm}^{-2}$ $\quad = 100 \text{ cP} = 0.0102 \text{ kgf} \cdot \text{s} \cdot \text{m}^{-2}$ $1 \text{ cP} = 1.02 \times 10^{-4} \text{ kgf} \cdot \text{s} \cdot \text{m}^{-2}$ $\quad = 0.001 \text{ N} \cdot \text{s} \cdot \text{m}^{-2} = 0.01 \text{ dyn} \cdot \text{s} \cdot \text{cm}^{-2}$ $1 \text{ kgf} \cdot \text{s} \cdot \text{m}^{-2} = 9.81 \times 10^3 \text{ cP} = 9.81 \text{ N} \cdot \text{s} \cdot \text{m}^{-2}$
运动黏度	斯托克斯	st	$1 \text{ st} = 1 \text{ cm}^2 \cdot \text{s}$ $1 \text{ cm}^2 \cdot \text{s} = 10^{-4} \text{ m}^2 \cdot \text{s}^{-1}$
表面张力 σ			$1 \text{ dyn} \cdot \text{cm}^{-1} = 0.001 \text{ N} \cdot \text{m}^{-1} = 1.02 \times 10^{-4} \text{ kgf} \cdot \text{m}^{-1}$ $1 \text{ N} \cdot \text{m}^{-1} = 10^3 \text{ dyn} \cdot \text{cm}^{-1}$
定压比热容 C_p			$1 \text{ cal} \cdot \text{kgf}^{-1} \cdot \text{℃}^{-1} = 4.187 \times 10^3 \text{ J} \cdot \text{kg}^{-1} \cdot \text{K}^{-1}$ $1 \text{ kJ} \cdot \text{kg}^{-1} \cdot \text{K}^{-1} = 0.2389 \text{ kcal} \cdot \text{kg}^{-1} \cdot \text{℃}^{-1}$
热导率 λ			$1 \text{ kcal} \cdot \text{m}^{-1} \cdot \text{s}^{-1} \cdot \text{℃}^{-1}$ $\quad = 4.187 \times 10^3 \text{ W} \cdot \text{m}^{-1} \cdot \text{K}^{-1}$ $\quad = 3.600 \times 10^3 \text{ kcal} \cdot \text{m}^{-1} \cdot \text{h}^{-1} \cdot \text{℃}^{-1}$
传热系数 K			$1 \text{ kcal} \cdot \text{m}^{-2} \cdot \text{h}^{-1} \cdot \text{℃}^{-1}$ $\quad = 1.163 \text{ W} \cdot \text{m}^{-2} \cdot \text{K}^{-1}$ $\quad = 2.778 \times 10^{-5} \text{ cal} \cdot \text{cm}^{-2} \cdot \text{s}^{-1} \cdot \text{℃}^{-1}$
气体常数 R			$R = 1.987 \text{ kcal} \cdot \text{kmol}^{-1} \cdot \text{K}^{-1}$ $\quad = 8.31 \text{ kJ} \cdot \text{kmol}^{-1} \cdot \text{K}^{-1}$ $\quad = 0.082 \text{ atm} \cdot \text{m}^3 \cdot \text{kmol}^{-1} \cdot \text{K}^{-1}$ $\quad = 848 \text{ kgf} \cdot \text{m} \cdot \text{kmol}^{-1} \cdot \text{K}^{-1}$

附录二 水的物理性质

温度 $t(℃)$	饱和蒸气压 $p(kPa)$	密度 ρ $(kg \cdot m^{-3})$	焓 H $(kJ \cdot kg^{-1})$	定压比热容 C_p $(kJ \cdot kg^{-1} \cdot K^{-1})$	导热系数 λ $(10^{-2} W \cdot m^{-1} \cdot K^{-1})$	黏度 μ $(10^{-5} Pa \cdot s)$	体积膨胀系数 α $(10^{-4} K^{-1})$	表面张力 σ $(10^{-3} N \cdot m^{-1})$	普朗特数 Pr
0	0.6082	999.9	0	4.212	55.13	179.21	0.63	75.6	13.66
10	1.2262	999.7	42.04	4.197	57.45	130.77	0.70	74.1	9.52
20	2.3346	998.2	83.90	4.183	59.89	100.50	1.82	72.6	7.01
30	4.2474	995.7	125.69	4.174	61.76	80.07	3.21	71.2	5.42
40	7.3766	992.2	165.71	4.174	63.38	65.60	3.87	69.6	4.32
50	12.310	988.1	209.30	4.174	64.78	54.94	4.49	67.7	3.54
60	19.932	983.2	251.12	4.178	65.94	46.88	5.11	66.2	2.98
70	31.164	977.8	292.99	4.178	66.76	40.61	5.70	64.3	2.54
80	47.379	971.8	334.94	4.195	67.45	35.65	6.32	62.6	2.22
90	70.136	965.3	376.98	4.208	67.98	31.65	6.95	60.7	1.96
100	101.33	958.4	419.10	4.220	68.04	28.38	7.52	58.8	1.76
110	143.31	951.0	461.34	4.238	68.27	25.89	8.08	56.9	1.61
120	198.64	943.1	503.67	4.250	68.50	23.73	8.64	54.8	1.47
130	270.25	934.8	546.38	4.266	68.50	21.77	9.17	52.8	1.36
140	361.47	926.1	589.08	4.287	68.27	20.10	9.72	50.7	1.26
150	476.24	917.0	632.20	4.312	68.38	18.63	10.3	48.6	1.18
160	618.28	907.4	675.33	4.346	68.27	17.36	10.7	46.6	1.11

续表

温度 $t(\text{°C})$	饱和蒸气压 $p(\text{kPa})$	密度 ρ $(\text{kg} \cdot \text{m}^{-3})$	焓 H $(\text{kJ} \cdot \text{kg}^{-1})$	定压比热容 C_p $(\text{kJ} \cdot \text{kg}^{-1} \cdot \text{K}^{-1})$	导热系数 λ $(10^{-2}\ \text{W} \cdot \text{m}^{-1} \cdot \text{K}^{-1})$	黏度 μ $(10^{-5}\ \text{Pa} \cdot \text{s})$	体积膨胀系数 α $(10^{-4}\ \text{K}^{-1})$	表面张力 σ $(10^{-3}\ \text{N} \cdot \text{m}^{-1})$	普朗特数 Pr
170	792.59	897.3	719.29	4.379	67.92	16.28	11.3	45.3	1.05
180	1003.5	886.9	763.25	4.417	67.45	15.30	11.9	42.3	1.00
190	1255.6	876.0	807.63	4.460	66.99	14.42	12.6	40.8	0.96
200	1554.77	863.0	852.43	4.505	66.29	13.63	13.3	38.4	0.93
210	1917.72	852.8	897.65	4.555	65.48	13.04	14.1	36.1	0.91
220	2320.88	840.3	943.70	4.614	64.55	12.46	14.8	33.8	0.89
230	2798.59	827.3	990.18	4.681	63.73	11.97	15.9	31.6	0.88
240	3347.91	813.6	1037.49	4.756	62.80	11.47	16.8	29.1	0.87
250	3977.67	799.0	1085.64	4.844	61.76	10.98	18.1	26.7	0.86
260	4693.75	784.0	1135.04	4.949	60.84	10.59	19.7	24.2	0.87
270	5503.99	767.9	1185.28	5.070	59.96	10.20	21.6	21.9	0.88
280	6417.24	750.7	1236.28	5.229	57.45	9.81	23.7	19.5	0.89
290	7443.29	732.3	1289.95	5.485	55.82	9.42	26.2	17.2	0.93
300	8592.94	712.5	1344.80	5.736	53.96	9.12	29.2	14.7	0.97
310	9877.96	691.1	1402.16	6.071	52.34	8.83	32.9	12.3	1.02
320	11300.3	667.1	1462.03	6.573	50.59	8.53	38.2	10.0	1.11
330	12879.6	640.2	1526.19	7.243	48.73	8.14	43.3	7.82	1.22
340	14615.9	610.1	1594.75	8.164	45.71	7.75	53.4	5.78	1.38
350	16538.5	574.4	1671.37	9.504	43.03	7.26	66.8	3.89	1.60
360	18667.1	528.0	1761.39	13.984	39.54	6.67	109	2.06	2.36
370	21040.9	450.5	1892.43	40.319	33.73	5.69	264	0.48	6.80

附录三　饱和水蒸气表

一、按温度排列

温度 $t(℃)$	绝对压强 $P(\text{kPa})$	水蒸气的密度 $\rho(\text{kg} \cdot \text{m}^{-3})$	焓 $H(\text{kJ} \cdot \text{kg}^{-1})$		汽化热 $r(\text{kJ} \cdot \text{kg}^{-1})$
			液体	水蒸气	
0	0.6082	0.00484	0	2491.1	2491.1
5	0.8730	0.00680	20.94	2500.8	2479.86
10	1.2262	0.00940	41.87	2510.4	2468.53
15	1.7068	0.01283	62.80	2520.5	2457.7
20	2.3346	0.01719	83.74	2530.1	2446.3
25	3.1684	0.02304	104.67	2539.7	2435.0
30	4.2474	0.03036	125.60	2549.3	2423.7
35	5.6207	0.03960	146.54	2559.0	2412.1
40	7.3766	0.05114	167.47	2568.6	2401.1
45	9.5837	0.06543	188.41	2577.8	2389.4
50	12.340	0.0830	209.34	2587.4	2378.1
55	15.743	0.1043	230.27	2596.7	2366.4
60	19.923	0.1301	251.21	2606.3	2355.1
65	25.014	0.1611	272.14	2615.5	2343.1
70	31.164	0.1979	293.08	2624.3	2331.2
75	38.551	0.2416	314.01	2633.5	2319.5
80	47.379	0.2929	334.94	2642.3	2307.8
85	57.875	0.3531	355.88	2651.1	2295.2
90	70.136	0.4229	376.81	2659.9	2283.1
95	84.556	0.5039	397.75	2668.7	2270.5
100	101.33	0.5970	418.68	2677.0	2258.4
105	120.85	0.7036	440.03	2685.0	2245.4
110	143.31	0.8254	460.97	2693.4	2232.0
115	169.11	0.9635	482.32	2701.3	2219.0
120	198.64	1.1199	503.67	2708.9	2205.2

温度 $t(℃)$	绝对压强 $P(\text{kPa})$	水蒸气的密度 $\rho(\text{kg} \cdot \text{m}^{-3})$	焓 $H(\text{kJ} \cdot \text{kg}^{-1})$		汽化热 $r(\text{kJ} \cdot \text{kg}^{-1})$
			液体	水蒸气	
125	232.19	1.296	525.02	2716.4	2191.8
130	270.25	1.494	546.38	2723.9	2177.6
135	313.11	1.715	567.73	2731.0	2163.3
140	361.47	1.962	589.08	2737.7	2148.7
145	415.72	2.238	610.85	2744.4	2134.0
150	476.24	2.543	632.21	2750.7	2118.5
160	618.28	3.252	675.75	2762.9	2037.1
170	792.59	4.113	719.29	2773.3	2054.0
180	1003.5	5.145	763.25	2782.5	2019.3
190	1255.6	6.378	807.64	2790.1	1982.4
200	1554.77	7.840	852.01	2795.5	1943.5
210	1917.72	9.567	897.23	2799.3	1902.5
220	2320.88	11.60	942.45	2801.0	1858.5
230	2798.59	13.98	988.50	2800.1	1811.6
240	3347.91	16.76	1034.56	2796.8	1761.8
250	3977.67	20.01	1081.45	2790.1	1708.6
260	4693.75	23.82	1128.76	2780.9	1651.7
270	5503.99	28.27	1176.91	2768.3	1591.4
280	6417.24	33.47	1225.48	2752.0	1526.5
290	7443.29	39.60	1274.46	2732.3	1457.4
300	8592.94	46.93	1325.54	2708.0	1382.5
310	9877.96	55.59	1378.71	2680.0	1301.3
320	11300.3	65.95	1436.07	2648.2	1212.1
330	12879.6	78.53	1446.78	2610.5	1116.2
340	14615.8	93.98	1562.93	2568.6	1005.7
350	16538.5	113.2	1636.20	2516.7	880.5
360	18667.1	139.6	1729.15	2442.6	713.0
370	21040.9	171.0	1888.25	2301.9	411.1
374	22070.9	322.6	2098.0	2098.0	0

二、按压强排列

绝对压强 $P(kPa)$	温度 $t(℃)$	水蒸气的密度 $\rho(kg \cdot m^{-3})$	焓 $H(kJ \cdot kg^{-1})$		汽化热 $r(kJ \cdot kg^{-1})$
			液体	水蒸气	
1.0	6.3	0.00773	26.48	2503.1	2476.8
1.5	12.5	0.01133	52.26	2515.3	2463.0
2.0	17.0	0.01486	71.21	2524.2	2452.9
2.5	20.9	0.01836	87.45	2531.8	2444.3
3.0	23.5	0.02179	98.38	2536.8	2438.1
3.5	26.1	0.02523	109.30	2541.8	2432.5
4.0	28.7	0.02867	120.23	2546.8	2426.6
4.5	30.8	0.03205	129.00	2550.9	2421.9
5.0	32.4	0.03537	135.69	2554.0	2416.3
6.0	35.6	0.04200	149.06	2560.1	2411.0
7.0	38.8	0.04864	162.44	2566.3	2403.8
8.0	41.3	0.05514	172.73	2571.0	2398.2
9.0	43.3	0.06156	181.16	2574.8	2393.6
10.0	45.3	0.06798	189.59	2578.5	2388.9
15.0	53.5	0.09956	224.03	2594.0	2370.0
20.0	60.1	0.13068	251.51	2606.4	2354.9
30.0	66.5	0.19093	288.77	2622.4	2333.7
40.0	75.0	0.24975	315.93	2634.1	2312.2
50.0	81.2	0.30799	339.80	2644.3	2304.5
60.0	85.6	0.36514	358.21	2652.1	2393.9
70.0	89.9	0.42229	376.61	2659.8	2283.2
80.0	93.2	0.47807	390.08	2665.3	2275.3
90.0	96.4	0.53384	403.49	2670.8	2267.4
100.0	99.6	0.58961	416.90	2676.3	2259.5
120.0	104.5	0.69868	437.51	2684.3	2246.8
140.0	109.2	0.80758	457.67	2692.1	2234.4
160.0	113.0	0.82981	473.88	2698.1	2224.2

绝对压强 $P(\text{kPa})$	温度 $t(°C)$	水蒸气的密度 $\rho(\text{kg}\cdot\text{m}^{-3})$	焓 $H(\text{kJ}\cdot\text{kg}^{-1})$		汽化热 $r(\text{kJ}\cdot\text{kg}^{-1})$
			液体	水蒸气	
180.0	116.6	1.0209	489.32	2703.7	2214.3
200.0	120.2	1.1273	493.71	2709.2	2204.6
250.0	127.2	1.3904	534.39	2719.7	2185.4
300.0	133.3	1.6501	560.38	2728.5	2168.1
350.0	138.8	1.9074	583.76	2736.1	2152.3
400.0	143.4	2.1618	603.61	2742.1	2138.5
450.0	147.7	2.4152	622.42	2747.8	2125.4
500.0	151.7	2.6673	639.59	2752.8	2113.2
600.0	158.7	3.1686	676.22	2761.4	2091.1
700.0	164.0	3.6657	696.27	2767.8	2071.5
800.0	170.4	4.1614	720.96	2773.7	2052.7
900.0	175.1	4.6525	741.82	2778.1	2036.2
1×10^3	179.9	5.1432	762.68	2782.5	2019.7
1.1×10^3	180.2	5.6333	780.34	2785.5	2005.1
1.2×10^3	187.8	6.1241	797.92	2788.5	1990.6
1.3×10^3	191.5	6.6141	814.25	2790.9	1976.7
1.4×10^3	194.8	7.1034	829.06	2792.4	1963.7
1.5×10^3	198.2	7.5935	843.86	2794.4	1950.7
1.6×10^3	201.3	8.0814	857.77	2796.0	1938.2
1.7×10^3	204.1	8.5674	870.58	2797.1	1926.1
1.8×10^3	206.9	9.0533	883.39	2798.1	1914.8
1.9×10^3	209.8	9.5392	896.21	2799.2	1903.0
2×10^3	212.2	10.0338	907.32	2799.7	1892.4
3×10^3	233.7	15.0075	1005.4	2798.9	1793.5
4×10^3	250.3	20.0969	1082.9	2789.8	1706.8
5×10^3	263.8	25.3663	1146.9	2776.2	1629.2
6×10^3	275.4	30.8494	1203.2	2759.5	1556.3
7×10^3	285.7	36.5744	1253.2	2740.8	1487.6
8×10^3	294.8	42.5768	1299.2	2720.5	1403.7
9×10^3	303.2	48.8945	1343.5	2699.1	1356.6

绝对压强 $P(\text{kPa})$	温度 $t(℃)$	水蒸气的密度 $\rho(\text{kg} \cdot \text{m}^{-3})$	焓 $H(\text{kJ} \cdot \text{kg}^{-1})$		汽化热 $r(\text{kJ} \cdot \text{kg}^{-1})$
			液体	水蒸气	
10×10^3	310.9	55.5407	1384.0	2677.1	1293.1
12×10^3	324.5	70.3075	1463.4	2631.2	1167.7
14×10^3	336.5	87.3020	1567.9	2583.2	1043.4
16×10^3	347.2	107.8010	1615.8	2531.1	915.4
18×10^3	356.9	134.4813	1699.8	2466.0	766.1
20×10^3	365.6	176.5961	1817.8	2364.2	544.9

附录四　水的密度(0～39 ℃)

$t(℃)$	$\rho(\text{kg} \cdot \text{m}^{-3})$									
	0.0	0.1	0.2	0.3	0.4	0.5	0.6	0.7	0.8	0.9
0	999.88	999.84	999.85	999.85	999.86	999.87	999.87	999.88	999.88	999.89
1	999.89	999.90	999.90	999.91	999.91	999.92	999.92	999.92	999.93	999.93
2	999.94	999.94	999.94	999.94	999.95	999.95	999.95	999.95	999.96	999.96
3	999.96	999.96	999.96	999.96	999.96	999.97	999.97	999.97	999.97	999.97
4	999.97	999.97	999.97	999.97	999.97	999.97	999.96	999.96	999.96	999.96
5	999.96	999.96	999.96	999.95	999.95	999.95	999.95	999.94	999.94	999.94
6	999.94	999.93	999.93	999.93	999.92	999.92	999.91	999.91	999.91	999.90
7	999.90	999.89	999.89	999.88	999.88	999.87	999.87	999.86	999.86	999.85
8	999.84	999.84	999.83	999.82	999.82	999.81	999.80	999.80	999.79	999.78
9	999.78	999.77	999.76	999.75	999.75	999.74	999.73	999.72	999.71	999.70
10	999.69	999.69	999.68	999.67	999.66	999.65	999.64	999.63	999.62	999.61
11	999.60	999.59	999.58	999.57	999.56	999.55	999.54	999.53	999.52	999.50
12	999.49	999.48	999.47	999.46	999.45	999.43	999.42	999.41	999.40	999.38
13	999.37	999.36	999.35	999.33	999.32	999.31	999.29	999.28	999.27	999.25
14	999.24	999.23	999.21	999.20	999.18	999.17	999.15	999.14	999.12	999.11
15	999.09	999.08	999.06	999.05	999.03	999.02	999.00	998.99	998.97	998.95
16	998.94	998.92	998.91	998.89	998.87	998.86	998.84	998.82	998.80	998.79

$t(℃)$	$\rho(\mathrm{kg \cdot m^{-3}})$									
	0.0	0.1	0.2	0.3	0.4	0.5	0.6	0.7	0.8	0.9
17	998.77	998.75	998.74	998.72	998.70	998.68	998.66	998.65	998.63	998.61
18	998.59	998.57	998.55	998.53	998.52	998.50	998.48	998.46	998.44	998.42
19	998.40	998.38	998.36	998.34	998.32	998.30	998.26	998.24	998.23	998.22
20	998.20	998.18	998.16	998.14	998.12	998.09	998.07	998.05	998.03	998.01
21	997.99	997.97	997.94	997.92	997.90	997.88	997.86	997.83	997.81	997.79
22	997.77	997.74	997.72	997.70	997.67	997.65	997.63	997.60	997.58	997.56
23	997.53	997.51	997.49	997.46	997.44	997.41	997.39	997.37	997.34	997.32
24	997.29	997.27	997.24	997.22	997.19	997.17	997.14	997.12	997.09	997.07
25	997.04	997.01	996.99	996.96	996.94	996.91	996.83	996.83	996.83	996.81
26	996.78	996.75	996.73	996.70	996.67	996.64	996.62	996.59	996.56	996.54
27	996.51	996.48	996.45	996.43	996.40	996.37	996.34	996.31	996.29	996.26
28	996.23	996.20	996.17	996.14	996.11	996.09	996.06	996.03	996.00	995.97
29	995.94	995.91	995.88	995.85	995.82	995.79	995.76	995.73	995.70	995.67
30	995.64	995.61	995.58	995.55	995.52	995.49	995.46	995.43	995.40	995.37
31	995.34	995.31	995.27	995.24	995.21	995.18	995.15	995.12	995.09	995.05
32	995.02	994.99	994.96	994.93	994.89	994.86	994.83	994.80	994.76	994.73
33	994.70	994.67	994.63	994.60	994.57	994.53	994.50	994.47	994.43	994.40
34	994.37	994.33	994.30	994.27	994.23	994.20	994.16	994.13	994.10	994.06
35	994.03	993.99	993.96	993.92	993.89	993.85	993.82	993.78	993.75	993.71
36	993.68	993.64	993.61	993.57	993.54	993.50	993.47	993.43	993.40	993.36
37	993.32	993.29	993.25	993.22	993.18	993.14	993.11	993.07	993.03	993.00
38	992.96	992.92	992.89	992.85	992.81	992.78	992.74	992.70	992.66	992.63
39	992.59	992.55	992.51	992.48	992.44	992.40	992.36	992.33	992.29	992.25

附录五　水的黏度(0～40 ℃)

温度 T		黏度 μ		温度 T		黏度 μ	
(℃)	(K)	(cP)	(Pa·s)或 (N·s·m^{-2})	(℃)	(K)	(cP)	(Pa·s)或 (N·s·m^{-2})
0	273.16	1.7921	1.7921×10^{-3}	20.2	293.36	1.0000	1.0000×10^{-3}
1	274.16	1.7313	1.7313×10^{-3}	21	294.16	0.9810	0.9810×10^{-3}
2	275.16	1.6728	1.6728×10^{-3}	22	295.16	0.9579	0.9579×10^{-3}
3	276.16	1.6191	1.6191×10^{-3}	23	296.16	0.9358	0.9358×10^{-3}
4	277.16	1.5674	1.5674×10^{-3}	24	297.16	0.9142	0.9142×10^{-3}
5	278.16	1.5188	1.5188×10^{-3}	25	298.16	0.8937	0.8937×10^{-3}
6	279.16	1.4728	1.4728×10^{-3}	26	299.16	0.8737	0.8737×10^{-3}
7	280.16	1.4284	1.4284×10^{-3}	27	300.16	0.8545	0.8545×10^{-3}
8	281.16	1.3860	1.3860×10^{-3}	28	301.16	0.8360	0.8360×10^{-3}
9	282.16	1.3462	1.3462×10^{-3}	29	302.16	0.8180	0.8180×10^{-3}
10	283.16	1.3077	1.3077×10^{-3}	30	303.16	0.8007	0.8007×10^{-3}
11	284.16	1.2713	1.2713×10^{-3}	31	304.16	0.7840	0.7840×10^{-3}
12	285.16	1.2363	1.2363×10^{-3}	32	305.16	0.7679	0.7679×10^{-3}
13	286.16	1.2028	1.2028×10^{-3}	33	306.16	0.7523	0.7523×10^{-3}
14	287.16	1.1709	1.1709×10^{-3}	34	307.16	0.7371	0.7371×10^{-3}
15	288.16	1.1404	1.1404×10^{-3}	35	308.16	0.7225	0.7225×10^{-3}
16	289.16	1.1111	1.1111×10^{-3}	36	309.16	0.7085	0.7085×10^{-3}
17	290.16	1.0828	1.0828×10^{-3}	37	310.16	0.6947	0.6947×10^{-3}
18	291.16	1.0559	1.0559×10^{-3}	38	311.16	0.6814	0.6814×10^{-3}
19	292.16	1.0299	1.0299×10^{-3}	39	312.16	0.6685	0.6685×10^{-3}
20	293.16	1.0050	1.0050×10^{-3}	40	313.16	0.6560	0.6560×10^{-3}

附录六　一些气体在水中的溶解度
(气体组分及水蒸气的总压力为 101.33 kPa)

$t(℃)$	$[g \cdot 1000\ g^{-1}(H_2O)] \times 10^2$					$g \cdot 1000\ g^{-1}(H_2O)$			
	H_2	N_2	CO	O_2	NO	CO_2	H_2S	SO_2	Cl_2
0	0.192	2.94	4.40	6.95	9.83	3.35	7.07	228	—
5	0.182	2.60	3.90	6.07	8.58	2.77	6.00	193	—
10	0.174	2.31	3.48	5.37	7.56	2.23	5.11	162	9.63
15	0.167	2.09	3.13	4.80	6.79	1.97	4.41	135.4	8.05
20	0.160	1.90	2.84	4.34	6.17	1.69	3.85	112.8	6.97
25	0.154	1.75	2.60	3.93	5.63	1.45	3.78	94.1	5.86
30	0.147	1.62	2.41	3.59	5.17	1.26	2.98	78.0	5.14
40	0.138	1.39	2.08	3.08	4.39	0.97	2.36	54.1	4.01
50	0.129	1.22	1.80	2.66	3.76	0.76	1.88		3.26
60	0.118	1.05	1.52	2.27	3.24	0.58	1.48		2.66
70	0.102	0.85	1.28	1.86	2.67		1.10		2.18
80	0.079	0.66	0.98	1.38	1.95		0.77		1.67
90	0.046	0.38	0.57	0.79	1.13		0.41		0.93
100	0	0	0	0	0		0		0

出自:董文生、杨荣榛.化学工程基础实验[M].西安:陕西师范大学出版社,2012.

附录七　干空气的物理性质(101.33 kPa)

温度 t (℃)	密度 ρ ($kg \cdot m^{-3}$)	定压比热容 C_p ($kJ \cdot kg^{-1} \cdot K^{-1}$)	导热系数 λ ($10^{-2}\ W \cdot m^{-1} \cdot K^{-1}$)	黏度 μ ($10^{-5}\ Pa \cdot s$)	普朗特数 Pr
−50	1.584	1.013	2.035	1.46	0.728
−40	1.515	1.013	2.117	1.52	0.728
−30	1.453	1.013	2.198	1.57	0.723

温度 t （℃）	密度 ρ （kg·m^{-3}）	定压比热容 C_p （kJ·kg^{-1}·K^{-1}）	导热系数 λ （10^{-2}W·m^{-1}·K^{-1}）	黏度 μ （10^{-5}Pa·s）	普朗特数 Pr
-20	1.395	1.009	2.279	1.62	0.716
-10	1.342	1.009	2.360	1.67	0.712
0	1.293	1.009	2.442	1.72	0.707
10	1.247	1.009	2.512	1.76	0.705
20	1.205	1.013	2.593	1.81	0.703
30	1.165	1.013	2.675	1.86	0.701
40	1.128	1.013	2.756	1.91	0.699
50	1.093	1.017	2.826	1.96	0.698
60	1.060	1.017	2.896	2.01	0.696
70	1.029	1.017	2.966	2.06	0.694
80	1.000	1.022	3.047	2.11	0.692
90	0.972	1.022	3.128	2.15	0.690
100	0.946	1.022	3.210	2.19	0.688
120	0.898	1.026	3.338	2.28	0.686
140	0.854	1.026	3.489	2.37	0.684
160	0.815	1.026	3.640	2.45	0.682
180	0.779	1.034	3.780	2.53	0.681
200	0.746	1.034	3.931	2.60	0.680
250	0.674	1.043	4.268	2.74	0.677
300	0.615	1.047	4.605	2.97	0.674
350	0.566	1.055	4.908	3.14	0.676
400	0.524	1.068	5.210	3.30	0.678
500	0.456	1.072	5.745	3.62	0.687
600	0.404	1.089	6.222	3.91	0.699
700	0.362	1.102	6.711	4.18	0.706
800	0.329	1.114	7.176	4.43	0.713
900	0.301	1.127	7.630	4.67	0.717
1000	0.277	1.139	8.071	4.90	0.719
1100	0.257	1.152	8.502	5.12	0.722
1200	0.239	1.164	9.153	5.35	0.724

附录八　一些气体的重要物理性质

名称	分子式	密度(标准态) $\rho(kg \cdot m^{-3})$	定压比热容 C_p $(kJ \cdot kg^{-1} \cdot K^{-1})$	黏度 μ $(10^{-5} Pa \cdot s)$	沸点 (101.3 kPa) (℃)	汽化热 r (101.3 kPa) $(kJ \cdot kg^{-1})$	临界点 温度 (℃)	临界点 压强 (kPa)	导热系数 λ (标准态) $(W \cdot m^{-1} \cdot K^{-1})$
空气	—	1.293	1.009	1.73	-195	197	-140.7	3768.4	0.0244
氧	O_2	1.429	0.653	2.03	-132.98	213	-118.82	5036.6	0.0240
氮	N_2	1.251	0.745	1.70	-195.78	199.2	-147.13	3392.5	0.0228
氢	H_2	0.0899	10.13	0.842	-252.75	454.2	-239.9	1296.6	0.163
氦	He	0.1785	3.18	1.88	-268.95	19.5	-267.96	228.94	0.144
氩	Ar	1.7820	0.322	2.09	-185.87	163	-122.44	4862.4	0.0173
氯	Cl_2	3.217	0.355	1.29(16℃)	-33.8	305	+144.0	7708.9	0.0072
氨	NH_3	0.711	0.67	0.918	-33.4	1373	+132.4	11295	0.0215
一氧化碳	CO	1.250	0.754	1.66	-191.48	211	-140.2	3497.9	0.0226
二氧化碳	CO_2	1.976	0.653	1.37	-78.2	574	+31.1	7384.8	0.0137
二氧化硫	SO_2	2.927	0.502	1.17	-10.8	394	+157.5	7879.1	0.0077
二氧化氮	NO_2	—	0.615	—	+21.2	712	+158.2	10130	0.0400
硫化氢	H_2S	1.539	0.804	1.166	-60.2	548	+100.4	19136	0.0131
甲烷	CH_4	0.717	1.70	1.03	-161.58	511	-82.15	4619.3	0.0300

续表

名称	分子式	密度(标准态) ρ(kg·m⁻³)	定压比热容 C_p (kJ·kg⁻¹·K⁻¹)	黏度 μ (10⁻⁵ Pa·s)	沸点 (101.3 kPa)(℃)	汽化热 r (101.3 kPa)(kJ·kg⁻¹)	临界点 温度(℃)	临界点 压强(kPa)	导热系数 λ (标准态)(W·m⁻¹·K⁻¹)
乙烷	C_2H_6	1.357	1.44	0.850	−88.50	486	+32.1	4948.5	0.0180
丙烷	C_3H_8	2.020	1.65	0.795(18℃)	−42.1	427	+95.6	4355.9	0.0148
正丁烷	C_4H_{10}	2.673	1.73	0.810	−0.5	386	+152	3798.8	0.0135
正戊烷	C_5H_{12}	—	1.57	0.874	−36.08	151	+197.1	3342.9	0.0128
乙烯	C_2H_4	1.261	1.222	0.935	+103.7	481	+9.7	5135.9	0.0164
丙烯	C_3H_6	1.914	1.436	0.835(20℃)	−47.7	440	+91.4	4599.0	—
乙炔	C_2H_2	1.171	1.352	0.935	−83.66(升华)	829	+35.7	6240.0	0.0184
氯甲烷	CH_3Cl	2.308	0.582	0.989	−24.1	406	+148	6685.8	0.0085
苯	C_6H_6	—	1.139	0.72	+80.2	394	+288.5	4832.0	0.0088

附录九　一些液体的重要物理性质

名称	分子式	密度 ρ (kg·m^{-3})	黏度 μ(20℃) (mPa·s)	定压比热容 C_p (20℃) (kJ·kg^{-1}·K^{-1})	沸点 (101.3 kPa) (℃)	汽化热 r (kJ·kg^{-1})	膨胀系数 α (10^{-4} K^{-1})	表面张力 σ (20℃) (10^{-3} N·m^{-1})	导热系数 λ (W·m^{-1}·K^{-1})
水	H_2O	998	1.005	4.18	100	2256.9	1.82	72.8	0.559
氯化钠盐水 (25%)	—	1180	2.3	3.39	107	—	(4.4)	—	(0.57)
氯化钙盐水 (25%)	—	1228	2.5	2.89	107	—	(3.4)	—	0.57
盐酸 (30%)	HCl	1149	2	2.55	(100)	—	—	—	0.42
硝酸	HNO_3	1513	1.17(10℃)	1.74	86	481.1	—	—	—
硫酸	H_2SO_4	1813	25.4	1.47	340(分解)	—	5.6	—	0.384
甲醇	CH_3OH	791	0.597	2.495	64.6	110.1	12.2	22.6	0.212
三氯甲烷	$CHCl_3$	1489	0.58	0.992	61.1	253.7	12.6	28.5(10℃)	0.14
四氯化碳	CCl_4	1594	0.97	0.85	76.5	195	—	26.8	0.12
乙醛	CH_3CHO	780	0.22	1.884	20.4	573.6	—	21.2	—
乙醇	C_2H_5OH	789	1.200	2.395	78.3	845.2	11.6	22.8	0.172
乙酸	CH_3COOH	1049	1.31	1.997	117.9	406	10.7	23.9	0.175

续表

名称	分子式	密度 ρ (kg·m^{-3})	黏度 μ(20 ℃) (mPa·s)	定压比热容 C_p (20 ℃) (kJ·kg^{-1}·K^{-1})	沸点 (101.3 kPa) (℃)	汽化热 r (kJ·kg^{-1})	膨胀系数 α (10^{-4} K^{-1})	表面张力 σ (20 ℃) (10^{-3} N·m^{-1})	导热系数 λ (W·m^{-1}·K^{-1})
乙二醇	C$_2$H$_4$(OH)$_2$	1113	23	2.349	197.2	799.7	—	47.7	—
甘油	C$_3$H$_5$(OH)$_3$	1261	1490	2.34	290(分解)	—	5.3	63	0.593
乙醚	(C$_2$H$_5$)$_2$O	714	0.233	2.336	34.5	360	16.3	18	0.14
乙酸乙酯	CH$_3$COOC$_2$H$_5$	901	0.455	1.992	77.1	368.4	—	—	0.14
戊烷	C$_5$H$_{12}$	626	0.240	2.244	36.1	357.5	15.9	16.2	0.113
糠醛	C$_5$H$_4$O$_2$	1160	1.29	1.59	161.8	452.2	—	43.5	—
己烷	C$_6$H$_{14}$	659	0.326	2.311	68.7	335.1	—	18.2	0.119
苯	C$_6$H$_6$	879	0.652	1.704	80.1	393.9	12.4	28.6	0.148
甲苯	C$_7$H$_8$	867	0.590	1.70	110.6	363.4	10.9	27.9	0.138
邻二甲苯	C$_8$H$_{10}$	880	0.810	1.742	144.4	346.7	—	30.2	0.142
间二甲苯	C$_8$H$_{10}$	864	0.620	1.70	139.1	342.9	10.1	29.0	0.168
对二甲苯	C$_8$H$_{10}$	861	0.648	1.704	138.4	340	—	28.0	0.129

附录十　乙醇的饱和蒸气压表(101.3 kPa)

温度 t(℃)	蒸气压 P(kPa)	温度 t(℃)	蒸气压 P(kPa)
-31.5	0.13	110.0	314.82
-12	0.67	120.0	429.92
-2.3	1.33	130.0	576.03
8.0	2.67	140.0	758.52
19.0	5.33	150.0	982.85
20.0	5.67	160.0	1255.40
26.0	8.00	170.0	1581.70
34.9	13.33	180.0	1869.85
40.0	17.40	190.0	2425.70
48.4	26.66	200.0	2958.72
60.0	46.01	210.0	3577.49
63.5	53.33	220.0	4294.15
78.3	101.33	230.0	5109.82
80.0	108.32	240.0	6071.39
90.0	158.27	241.3	6394.62
100.0	225.75		

参 考 文 献

［1］ 冯红艳,徐铜文,杨伟华,等. 化学工程实验[M]. 合肥:中国科学技术大学出版社,2014.

［2］ 傅延勋,杨伟华,徐铜文,等. 化学工程基础实验[M]. 合肥:中国科学技术大学出版社,2010.

［3］ 徐铜文,黄川徽. 离子交换膜制备与应用技术[M]. 北京:化学工业出版社,2008.

［4］ Chenxiao Jiang，Binglun Chen，Ziang Xu，et al. Ion-"distillation" for isolating lithium from lake brine[J]. AIChE J.，2022，68：e17710.

［5］ 卫新来. 电渗析技术在化学品分离纯化中的应用研究[D]. 合肥:中国科学技术大学,2021.

［6］ 程从亮. 酸回收用阴离子交换膜的制备及表征[D]. 合肥:中国科学技术大学,2016.

［7］ 罗发宝. 基于离子交换膜的浓差渗析技术应用[D]. 合肥:中国科学技术大学,2016.

［8］ 张旭. 扩散渗析的理论与应用研究[D]. 合肥:中国科学技术大学,2014.

［9］ Haiyang Yan，Chunyan Xu，Wei Li，et al. Electrodialysis to concentrate waste ionic liquids：optimization of operating parameters[J]. Ind. Eng. Chem. Res.，2016，55(7)：2144-2152.

［10］ 郭绪强. 化工实验综合教程[M]. 北京:中国石化出版社,2017.

［11］ 陈兴国,何疆,陈宏丽,等. 分析化学[M]. 北京:高等教育出版社,2012.

［12］ 董文生,杨荣榛. 化学工程基础实验[M]. 西安:陕西师范大学出版社,2012.

［13］ 温瑞媛,严世强,江洪,等. 化学工程基础[M]. 北京:北京大学出版社,2002.

［14］ 冯艳红,朱平平. 化学实验安全知识[M]. 北京:高等教育出版社,2002.